小数、分数から億兆の数の計算まで
大人のための「超」計算
正しく 速く カッコよく解く！

はじめに

　私たちはなぜ「計算」を学ぶのでしょうか。
　そして子どもたちに「計算」を学ばせるのでしょうか。

　もしお子さん（お孫さん）が「なんで計算なんかやらなきゃいけないの？」と尋ねてきたら、なんと答えますか？
　たぶん「計算くらいできないと、買い物のとき、おつりでソンするかもしれないだろ？」とでも答えるのではないでしょうか。
　すると、妙に知恵のついた子どもなら、「別に計算なんかできなくても、『ピッ』とやれば買い物できるもん」と屁理屈をこねるかもしれませんが……。

　たしかに私たちの日常生活からは、「計算の必要性」が日に日に失われているように感じます。
　でも、もし「計算なんかスマホのアプリでやればいいじゃん」と開き直ってしまったら、人間の知的能力はどんどん減衰していくでしょう。面倒な肉体作業を全部人工知能つきのロボットにやらせていたら、身体能力が衰えていくのと同じです。

　教育の基本は古今東西を問わず、「3R's（読み＝read、書き＝write、計算＝a rithmetic）」です。

「読み書き」の必要性はわざわざ語るまでもないでしょうが、「計算」も決してお金やゲームの得点を勘定するためだけのものではありません。それは「論理的思考力」の根本にあるものです。

本書の目的は、大きく分けて２つあります。 １つめは、次のようなことです。
・子どもたち（お孫さんも含む）に、教育の根本をなす計算を、少しでも楽しく学んでもらうこと。
・いろいろな「くふう」をすることによって、難しい問題でも簡単に解けるようになるのだという達成感を味わってもらうこと。
・子どもたちに、「計算」を学ぶことの大切さを伝えていただくために、まず（大人の）読者の皆さん自身に、童心にかえって、「計算することの楽しさ」を経験していただくこと。

２つめは、「計算のしかた」や「計算のくふう」を学び直すことは、決して子どもたちだけのためではないということです。**あまりにも「便利すぎる」世の中に生きている私たち大人自身が、「論理的に考えること」や「知恵を絞って、目の前の問題を解決すること」の大切さを再発見するためにも必要**なのではないでしょうか。

いや、そこまで大げさに考えなくても、とりあえず「ボケ防止のため」でもかまわないでしょうし、「飲み会のときに

『ワリカン』の計算くらいできないと恥ずかしい」でもかまいません。

　最近は、仕事上の必要性から、中学レベルの物理学や統計学を学び直すための本を読む社会人も増えています。物理学や統計学を学ぶうえで「計算能力」が必要であることはいうまでもありません。

　本書を執筆するにあたって、これまでに出版された「計算術」「暗算術」の本をいろいろと精読し、参考にさせていただきました。本書で紹介する「スキル」はいずれも、これまでに先人が「開発」してきたものであり、すでに類書でも紹介されているものであって、残念ながら、本書独自・本邦初公開の「誰でも計算力が身につくスーパー計算法」みたいなものは存在しません。

　しかし、おそらく類書を読まれた読者の皆さんに、「おっ、この本はこれまで読んだ計算術の本とはひと味違うじゃないか」と喜んでいただけるとしたら、それは私自身が30年間小学生を対象とした学習塾で算数（と理科）を教え続けてきた経験から、「子どもがつまずきやすいポイントはどこなのか」「どうやったら子どもが計算好きになってくれるのか」という視点を貫いているからだと思います。

　そして「子どもがつまずきやすいポイント」は、「昔から私は算数や数学が苦手だったのよ」とあきらめてしまうお母さんや、「最近、全部パソコン任せで暗算なんかしたことないなあ」という危機感を抱かれている社会人の皆さんが、「つ

まずいてしまうポイント」と同じだと思うのです。

　偉そうに「類書」の批判めいたことを書かせていただくとしたら、それは紹介されている「計算術」のほとんどが、次の2つに集約されてしまうものだからです。
・中学高校で学ぶ数学的な考え方（「乗法公式」など）を適用しただけのもの。つまり小学生や、「数学なんか昔から大嫌い」という「文系ママ」は、数式をみた瞬間に拒否反応を示しそうなもの。
・特定の数値（たとえば「×11の計算法」みたいな）にしか適用できない「汎用性(はんようせい)」の低いもの。

　本書では、**小学生レベルの知識でも理解できる法則や、図を描いたりすれば具体的にイメージできるスキルだけに限定し、なおかつ「いろいろな計算に応用できるスキル」に絞って紹介**しています。
　特別な公式を覚えなくても、ちょっとした「発見」によって、もしくは「そういえば小学校のときに習ったよなあ」と思い出すことによって、間違えやすい計算が、少しでも速く、正確に解けるようになり、さらには「頭を使うのって、やっぱり楽しいよなあ」と思っていただけることが、本書の基本方針です。

　本書を通して「計算の楽しさ」を再発見していただいた読者の皆さんや、お子さん・お孫さんに「すご〜い、算数面白

い!!」といってもらえたパパ・ママ・おじいちゃん・おばあちゃんには、拙著『大人もハマる算数』(すばる舎刊)と『小学生には解けて 大人には解けない算数』(dZERO社刊)に挑戦していただければ幸いです。

　また、読者の皆さんの忌憚(きたん)ないご意見・ご批判を頂戴できれば、これに勝る喜びはありません。

　なお、本書のタイトル「超」計算は、暗算＆速算のスキル＝正確に・速く・カッコよく解くスキル、という意味合いでつけました。

　最後になりましたが、本書の執筆にあたり、たくさんのヒントや助言を頂戴した、株式会社さなるおよび啓明舎の仲間たちと、蒼陽社の岡村知弘さんに心より感謝申し上げます。

ときどきおじゃまします
ときがいくん、といいます
一緒に学んでいきましょう

◆ 目　次 ◆

はじめに　3

➕ 1章　まずは、たし算　15
指折り計算や筆算では暗算力はつきません

「ちょうど」の数をみつけよう　16
　ちょうど10にする　18
　ちょうど100にする　22
　〈ヒント〉ちょうど100にする　25
　ちょうど1000にする　26
　〈ヒント〉ちょうど1000にする　28
　繰り上がりなしで、たし算をしよう　29
　1けたのたし算をもっと速く！　31
　2けたのたし算を暗算しよう　34
　「ちょうど」でなくてもかまわない　37
　3けたのたし算を暗算しよう　39

➖ 2章　次は、ひき算　41
買い物上手はやりくり上手、やりくり上手は暗算上手

　繰り下がりなしで、ひき算をしよう　42

次々に「9」をひいていく　43

10円払って「おつり」をもらう　46

100円払って「おつり」をもらう　48

1000円払って「おつり」をもらう　50

「ちょうど」でなくてもかまわない　52

余分な小銭はサイフのなかへ　54

<ヒント>　小数のひき算こそ、おつりスキルで　56

3章　暗算&速算の基本ルール　57
たし算、ひき算は「上から」やろう

暗算は上の位からやろう　58

2けたのたし算を「上から」やる　59

3けた以上のたし算を「上から」やる　62

2けたずつ区切って計算する　65

2けたのひき算を「上から」やる　68

3けた以上のひき算を「上から」やる　70

「マイナス」をおそれない　72

<ヒント>　単位計算こそ「せいさん」で　75

<ヒント>　帯分数は整数と分数に「けた分け」　76

± 4章 3数以上のたし算・ひき算　77
計算しやすいチームをうまくつくろう

　　ならべかえて計算しよう　78

　　「チーム・ほすう」をみつけよう　79

　　「チーム・ほすう100」をつくろう　81

　　ここでも「モドキ」が大活躍　83

　　たし算とひき算が混ざっている場合は？　85

　　＋と－は打ち消しあう　88

　　＋と－は打ち消しあわない……けど？　90

　　同じような数がたくさんあったら ①　93

　　同じような数がたくさんあったら ②　94

　　数が規則正しくならんでいたら ①　96

　　数が規則正しくならんでいたら ②　98

× 5章 いよいよ、かけ算　101
「たて×よこ」の「かたまり」で"九九"以上の計算もラクラク

かけ算を「かたまり」でイメージしよう　102

　　「11～19」の段を暗算しよう　105

　　〈ヒント〉19×9までの計算表と仲よしになろう　108

「20以上の2けたの数×1けたの数」を暗算する　109

　2けたの数の一の位が9のとき　111

2けた×2けたは必要なのか？　114

　11×11〜19×19を「かたまり」でとらえる　118

　「けた分け」ダブル　121

　「けた分け（−）」でかけ算をする　123

　これだけは覚えておいてもソンはない　125

　「平方数」を暗算しよう　128

6章　もっと、かけ算　131
式の変形で暗算可能範囲を広げる

かけ算の式を「変形」しよう　132

　「2けた×2けた」を「2けた×1けた」に変形　133

　「偶数×□5」なら、計算の手間も半減　135

　3数以上のかけ算は「10」をつくる　137

　「チーム・2アップ」をみつけよう　140

　〈ヒント〉「3アップ」をみつけよう　143

　同じ数のかけ算は「おまとめ」しよう　144

　アップ・ダウンして「おまとめ」する　146

÷ 7章 最後に、わり算　149
「けた」の上げ下げで計算しやすい形をつくる

わり算嫌いを少しでも減らすために　150

わり算はかけ算の逆算　152

わり算はもともと上から計算する　155

「わられる数」と「わる数」に同じ数をかける　159

「÷小数」も全部整数で計算する　163

「÷小数」で「あまり」が出る場合　165

8章 3数以上のかけ算・わり算　169
分数のかけ算に変形して一気に計算する

全部、分数で計算しよう　170

分子vs分母の対戦を楽しもう　171

約分できる「対戦相手」をみつけよう①　174

約分できる「対戦相手」をみつけよう②　178

約分できる「対戦相手」をみつけよう③　180

大きな数を約分するコツ　183

「おなじみの小数」を覚えておこう　187

「おなじみ」っぽい小数の扱い方　188

「×分数」と「÷分数」　191

　　「×小数」と「÷小数」　194

　　「5と2」のコンビで「0」と戦おう　197

　　母子チェンジで、分数計算を楽しもう　199

9章 街角で使える「超」計算　201
小数から億兆まで「およそ」で求める

実用的な概算をマスターする　202

　　消費税の計算　203

　　「割合」の計算はすべて「約分」で　207

　　累乗の計算と大きな数の読み方　211

　　大きな数どうしのわり算　214

「超」計算トレーニング　解答　216

本書で扱う計算スキルとそれが出てくる章の対応表

	1章	2章	3章	4章	5章	6章	7章	8章	9章
ほすう10（補数）	●	●		●					
ほすう100	●	●		●					
ほすう1000	●	●							
やりとり	●								
ほすうモドキ	●	●		●					
おつり			●		●	●			
こうじゅん（降順）			●		●		●		
けた分け			●		●			●	●
せいさん（精算）			●						
そうさい（相殺）				●					
そうさいモドキ				●					
へいきん（平均）				●					
けた分け（−）					●				
ヘイ！ホーサ（平方差）					●				
アップ・ダウン						●		●	●
ぶんかい（分解）						●	●		
1アップ						●			
2アップ						●			
3アップ						●			
おまとめ						●			
アップ・アップ							●		●
ダウン・ダウン							●	●	●
1ダウン							●		
あまりダウン補正							●		
母子バトル								●	●
ごー・つー								●	
そうわ3（総和）								●	
そうわ9								●	
小→分								●	
母子チェンジ								●	

1章

まずは、たし算

指折り計算や筆算では
暗算力はつきません

「ちょうど」の数をみつけよう

　ちょっと質問です。
「加減乗除、つまりたし算・ひき算・かけ算・わり算のなかで、小学生がいちばんつまずきにくい計算はどれだと思いますか?」
　100人に質問したら、おそらく100人全員が「たし算!」と答えるはずです。
　ベネッセによる調査結果をみても、たとえば小学3年生で「1124 + 3879」の正答率が95%以上なのに対し、ひき算の場合は「852 − 28」の段階ですでに90%未満となっています。
　ちなみにかけ算は、「2けた×1けた」で90%前後、「2けた×2けた」は80%台、わり算は「80 ÷ 4」のレベルからすでに正答率70%未満です。
（『小学生の計算力に関する実態調査2013』ベネッセ教育総合研究所)

　どうやら「たし算がいちばんカンタン」であることは間違いないようですが、「だからたし算の練習はとばして、ひき算やかけ算の計算法を学ぼう」というわけにはいきません。
　たし算は「数え上げ」(たとえば「8 + 4」なら「9…10…11…12」と指を折っていく計算法)が可能です。「繰り上がり」の筆算も、他の計算と比べれば、それほど教えるのに苦労はありません。

だから逆に、「数え上げ」の計算法と「繰り上がり筆算」で安直にたし算を教えてしまい、結果的にその先の計算でつまずくのではないでしょうか。

　本当に計算力のある子どもを育てるために、そして（大人の）読者の皆さんの計算力をブラッシュ・アップするために、ここでは徹底的に、

数を「かたまり」でとらえる

練習をしていきましょう。

　キーワードは「ほすう」と「やりとり」です。

ちょうど10にする
スキル… ほすう10

　数の「かたまり」をイメージするために、本書では下図のような「団子」と「串」と「箱」を使うことにします。
　1本の「串」には団子を10個まで刺すことができます。数えやすいように仕切りのついたケースに団子を入れていき、10個たまったら「串」を刺しましょう。
　もし1つのケースに、図のように団子が入っているとき、あと何個入れると「1串＝10個」になるでしょうか。

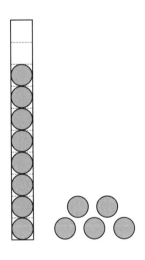

　正解は……「2個」です‼
「当たり前だろ」とお怒りの方もいらっしゃるかもしれませ

んが、これがたし算の基本中の基本なのです。特に就学前のお子さんに計算を教えるときは、「ちょうど10になる数」をすぐに答えられるようにトレーニングしておきましょう。これをスキル ほすう10 と呼ぶことにします。

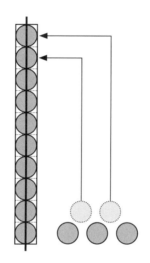

　たとえば、1～9までのカードをたくさんつくり、机の上にバラまいて、10になる組み合わせを10秒間で何組つくることができるか、なんてゲームもいいでしょう。

　ある1けたの数Aに別の1けたの数Bをたしたときに、答えがちょうど10（串1本）になるような数があるとき、

BはAの補数である

といいます。たとえば9の補数は1ですし、8の補数は2です。この考え方は計算するうえでとても役に立ちますから、しっかり理解しておきましょう。

　　カードをつくるのが面倒でしたらトランプの
　　1（A）〜10 を使うのもよいでしょう。

「超」計算トレーニング 1

① 9 + □ = 10　　② 7 + □ = 10

③ 1 + □ = 10　　④ 8 + □ = 10

⑤ 4 + □ = 10　　⑥ 3 + □ = 10

⑦ 1 + 2 + □ = 10　　⑧ 2 + 5 + □ = 10

⑨ 1 + 6 + □ = 10　　⑩ 3 + 4 + □ = 10

⑪ 4 + 4 + □ = 10　　⑫ 7 + 1 + □ = 10

1章　まずは、たし算

ちょうど100にする
スキル… ほすう100

　団子が10個刺さった串を10本入れることのできる正方形の「箱」があります。つまり、この箱には全部で10 × 10 = 100個の団子が入るわけです。

　さて、下図のように団子が入っている箱があります。この箱にあと何個の団子を入れると、ちょうど箱がいっぱいになるでしょう？

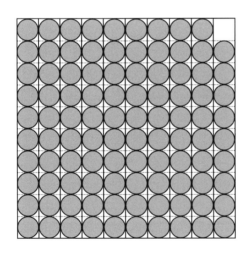

答えは……はい、「1個」ですね。
これを式で表すと、
　99 + 1 = 100

となります。1をたすことによって、2けたの数99が繰り上がって100になったので、
「1は99の補数である」
といいます。

「ちょうど10」か「ちょうど100」かによって、補数は異なります。つまり、ちょうど10にするなら、9の補数は1ですが、ちょうど100にするなら、9の補数は91ということです。
　ここではごくごく単純に、

「ちょうどキリよく繰り上がって、1つ上のけたに進む数」を「補数」と呼ぶ

ことにします。「ちょうど10」になる数をみつけることをスキル ほすう10、「ちょうど100」になる数をみつけることをスキル ほすう100 と呼ぶわけです。

ほすうを探せ！

「超」計算トレーニング 2

① $90 + \square = 100$ ② $80 + \square = 100$

③ $91 + \square = 100$ ④ $76 + \square = 100$

⑤ $55 + \square = 100$ ⑥ $43 + \square = 100$

⑦ $19 + \square = 100$ ⑧ $61 + \square = 100$

⑨ $27 + \square = 100$ ⑩ $38 + \square = 100$

⑪ $82 + \square = 100$ ⑫ $9 + \square = 100$

ヒント ちょうど100にする

スキル ほすう100

ここまでの話で「なんだ、カンタンじゃん！」と思われた読者も多いでしょうが、小学校で「筆算漬け」の指導を受けている子どもたちのなかには、「え〜っと、100－86だから……24！」などと、平気で間違える子がいます。

「100－86」は「繰り下がりのひき算」で、しかも十の位が0だから、もうひとつ左の百の位から「借りて」こなければなりません。計算に苦手意識をもっている子には、決してカンタンな作業ではないのです。

「ちょうど」と「ほすう」のイメージを感覚的に身につけるために、就学前くらいから、たとえば下のような図を使って「合体して100になる形」のイメージを養っておくとよいでしょう。

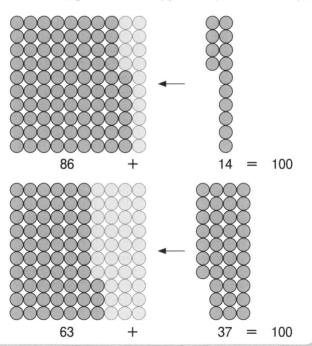

ちょうど1000にする

スキル… ほすう1000

　3けたの数を「団子」の絵で表示するのは難しいので、2けた（ほすう100）をクリアしたところからは、数字だけで「補数」をイメージできるようにしていきましょう。

　いちばんイメージしやすいのは、やはり「お金」でしょう。

　学校や塾の成績はイマイチでも、お金の計算の得意な子はいます。お買い物のたびに、

「1000円出して、355円のものを買ったらおつりはいくら？」

　という「クイズ」を出して遊んでいれば、小学校就学前でも「645円！」と答えられるようになります。

　私くらいの世代は、おもちゃのお金を使った「お買い物ごっこ」や、人生ゲーム・バンカースなどのボードゲームで遊ぶことが多かったせいか、いまの子どもたちよりも「ゼニ勘定」には長けていたように感じます。

　最近の子どもたちは、Suicaなどの電子マネーで買い物をしたりするから、ますます「おつりの計算」ができなくなっているのではないでしょうか。

「超」計算トレーニング 3

① 998 + □ = 1000　　② 975 + □ = 1000

③ 860 + □ = 1000　　④ 777 + □ = 1000

⑤ 655 + □ = 1000　　⑥ 628 + □ = 1000

⑦ 519 + □ = 1000　　⑧ 461 + □ = 1000

⑨ 327 + □ = 1000　　⑩ 203 + □ = 1000

⑪ 101 + □ = 1000　　⑫ 29 + □ = 1000

1章 まずは、たし算

ヒント ちょうど1000にする

スキル　ほすう1000

3けた・4けたと進んでいくと、「ほすう」探しでつまずく子どもが増えてきます（読者のなかにもいらっしゃるかもしれませんね）。

特に「708 ＋ □ ＝ 1000」のように、けたの途中に「0」が入った数になると、正答率がガクンと下がります。

こういう場合は、「1000 にする」のではなく、
「999 にする」数をみつけて、最後に「＋1」をする
と、繰り下がりなしで「補数」を求めることができます。

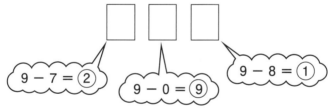

上の筆算の□□□は「291」とわかるので、708 の補数は、291 に 1 をたして 292 です。

ちょうど 100 になる数を求めるときは、「99 になる数＋1」が「ほすう 100」になりますし、

ちょうど 1000 になる数を求めるときは、「999 になる数＋1」が「ほすう 1000」になるのです。

繰り上がりなしで、たし算をしよう

　私は「算数教育」の専門家ではないので、いまの小学校での計算指導について、くわしく語ることはできませんが、教科書や市販の算数ドリル、低学年用塾向け教材などをみたり、生徒や保護者から話を聞いたりした限りでは、徹底的に「筆算指導」が行われているのは確かだと思います。

　たとえば「87 ＋ 37」の計算ならば、下のイラストのように筆算の形にして、7 ＋ 7 ＝ 14、十の位に 1 繰り上がるから、小さい「1」を書いて……と指導するはずです。

私は「筆算指導」の必要性を否定するつもりはありませんが、6年生になっても2けたのたし算をすべて筆算で解く生徒をみると、「おいおい……」とため息をついてしまいます。「ちゃんと筆算しないから計算ミスをするのよ！」なんて、お母さんに叱られているのかもしれませんが、できるだけ暗算で解いたほうが速く解けるし、思考のプロセスが中断されずにすみます。

　読者の皆さんは、87 + 37 を暗算で解きますか？　筆算で解きますか？　もちろんどちらでも OK です。
　では、99 + 37 は暗算ですか、筆算ですか？
　さすがにこれは暗算で解いてほしい問題です。
　ここまでスキル ほすう のトレーニングにおつきあいいただいた読者ならば、99 と 37 を「団子」と「串」と「箱」で表せば（絵で描かなくても「イメージ」するだけで）、簡単に暗算で答えが出せることに気づくはずです。

団子と串と箱を
イメージする

1けたのたし算をもっと速く！

スキル… やりとり ＋ ほすう10

　ここまでの説明で、もう「99 + 37」の暗算のやり方がわかった読者もいらっしゃるでしょうが、ここで基本に立ち返って、就学前の子どもでもわかるように、1けたのたし算から確認していきましょう。

【9 + 7】のような計算

　まず「9 + 7」という計算を図示すると、次のようになります。

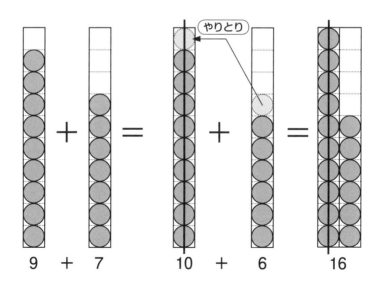

「9」の「補数」は1ですから、7個入った筒から1個取り出して、左の箱と「やりとり」すると前ページの図のように、「串1本」(10個) + 6個になります。

これをスキル やりとり といいます。つまり答えは、9 + 7 = 10 + 6 = 16 です。

2つの筒のなかに入っている団子の合計を求めるのですから、右から左に「やりとり」してもかまいません。

たとえば、6 + 8 = 4 + 10 = 14 ということです。

やりとりは
左から右でも
右から左でも
どちらでもOK！

「超」計算トレーニング ④

① 9 + 3 =   ② 9 + 5 =

③ 9 + 9 =   ④ 4 + 9 =

⑤ 8 + 3 =   ⑥ 8 + 8 =

⑦ 4 + 7 =   ⑧ 7 + 5 =

⑨ 6 + 6 =   ⑩ 6 + 8 =

⑪ 2 + 9 =   ⑫ 7 + 7 =

2けたのたし算を暗算しよう

スキル… やりとり ＋ ほすう100

【99 + 37】のような計算

それでは「99 + 37」を解いてみましょう。

99は「＋1」をすれば「ちょうど100」ですから、次のように「やりとり」して計算できます。

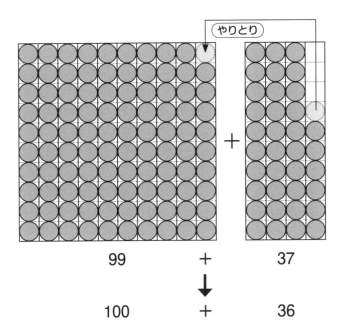

99　　　＋　　　37
↓
100　　＋　　　36

しかしいちいち図を描いていたのではタイヘンですから、「やりとり」を次のように表すことにします。

　　　　左プラス1　　右マイナス1

$$99 + 37 = \boxed{100} + 36 = 136$$
　　+1　　　−1

片方を「＋1」すると、もう片方は「−1」になります。

スキルやりとり、
左プラス1、右マイナス1
コンボ！
スキルほすう100

「超」計算トレーニング 5

① 99 + 28 =   ② 99 + 54 =

③ 36 + 98 =   ④ 16 + 97 =

⑤ 95 + 55 =   ⑥ 25 + 95 =

⑦ 90 + 89 =   ⑧ 61 + 90 =

⑨ 92 + 18 =   ⑩ 77 + 94 =

⑪ 27 + 95 =   ⑫ 93 + 39 =

「ちょうど」でなくてもかまわない

スキル… やりとり ＋ ほすうモドキ

【63 ＋ 49】のような計算

49 の「ほすう 100」は 51 ですから、

　63 ＋ 49 ＝ 63 － 51 ＋ 100 ＝ 112

ですね。

しかし、49 をわざわざ「ちょうど 100」にする必要があるのでしょうか。

大切なのは、**できるだけ「繰り上がり」を避けること**ですから、無理に「100」にする必要はありません。

63 ＋ 49 の場合は、左「－1」、右「＋1」で、「ちょうど 50」にすれば十分でしょう。

　　左マイナス1　右プラス1

　　63 ＋ 49 ＝ 62 ＋ 50 ＝ 112
　　　－1　　＋1

本来の「ほすう」の定義からは外れるのでスキル ほすうモドキ と命名しておきますが、要するにキリのいい数字にする（「串」や「箱」がちょうどいっぱいになる）ようにすれば、確実に計算はラクになるのです。

「超」計算トレーニング 6

① 48 + 55 =   ② 39 + 46 =

③ 77 + 69 =   ④ 16 + 88 =

⑤ 56 + 76 =   ⑥ 48 + 73 =

⑦ 19 + 53 =   ⑧ 64 + 29 =

⑨ 28 + 44 =   ⑩ 17 + 74 =

⑪ 37 + 89 =   ⑫ 55 + 39 =

3けたのたし算を暗算しよう

スキル… やりとり ＋ ほすう1000（ほすうモドキ）

【949 ＋ 378】のような計算

ここまでのスキルがちゃんと身についていれば、けた数が増えても大丈夫なはずです。

1000に近い数をたす場合には「ほすう1000」を使います。

（左プラス51）（右マイナス51）

949 ＋ 378 ＝ 1000 ＋ 327 ＝ 1327
　↑＋51　　↓－51

無理に「ちょうど1000」にしなくても、下2けたが0になるような数（ほすうモドキ）を使えば、カンタンに暗算できます。

（左マイナス11）（右プラス11）

572 ＋ 289 ＝ 561 ＋ 300 ＝ 861
　↓－11　　↑＋11

600 ＋ 261 でもOK

「超」計算トレーニング 7

① 888 + 554 =   ② 967 + 167 =

③ 777 + 977 =   ④ 169 + 883 =

⑤ 531 + 789 =   ⑥ 485 + 726 =

⑦ 688 + 534 =   ⑧ 568 + 255 =

⑨ 858 + 454 =   ⑩ 134 + 178 =

⑪ 456 + 888 =   ⑫ 456 + 789 =

2章

次は、ひき算

買い物上手はやりくり上手、
やりくり上手は暗算上手

繰り下がりなしで、ひき算をしよう

「100から7をひいてみてください。できましたか？ ではその答えから、もう1回7をひいて、またそこから7をひいて、というように、7をひいた答えをいってみてください」

認知症の診断をするときに、こんなテストをすることがあるそうです。「やべっ、オレ、認知症かも……」とあせった読者はいらっしゃるでしょうか。

1章の最初に、小学生の計算問題の正答率がたし算とひき算ではかなり異なるというデータを紹介しましたが、これは大人でもおそらく同じことです。

たとえば50に7をたしていく暗算を続けてみてください。
　50、50＋7＝57、57＋7＝64、64＋7＝71……
いかがですか？ 少なくとも100から7をひく暗算、つまり、
　100－7＝93、93－7＝86、86－7＝79……
よりはずっとやさしいはずです。
「繰り下がり」の処理は「繰り上がり」よりも難しいのです。

小学校でひき算の指導をするときは、たし算と同様、基本的には筆算で教えます。「借りてくる」という説明も決してわかりやすくはないし、左どなりが「0」だと最悪です。では、どうやって、ひき算の暗算力を高めていけばよいのでしょうか。

次々に「9」をひいていく

スキル… ほすう10

「100から7をひく」かわりに「100から9をひく」を続けてみてください。

　100 → 91 → 82 → 73 → ……

意外とカンタンでしょう？

「7をひく」との違いは、「十の位が1ずつ減っていく」「一の位が1ずつ増えていく」という規則があるということです。この「規則」を、団子図を使って考えてみましょう。

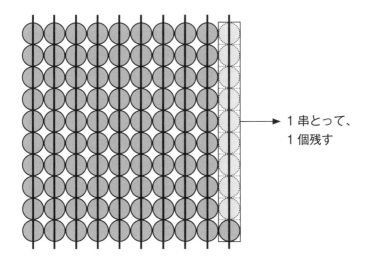

→ 1串とって、1個残す

9個食べる（とる）ということは、1串食べようと思ったけど、1個だけ残すということです。

したがって「9をひく」たびに、串が1本減って、はんぱの団子が1個増えます。つまり、

　　　10串
　　　→ **9串と1個**
　　　→ **8串と2個**　……と減っていくのです。

　では「7をひく」場合はどうすればよいでしょうか。そうです！「1串食べて3個残す」です。

　　　10串
　　　→ **9串と3個**
　　　→ **8串と6個**
　　　→ **7串と9個**
　　　→ **7串と2個**　← ここは串ではなく、あまりの9個の団子のうち7個を食べます
　　　→ **6串と5個** ……

これで少しは計算しやすくなったでしょう。

9をひくとは
十の位が1減り
一の位が1増えること

「超」計算トレーニング 8

① 50から9をひいていく
50 → ( ) → ( ) → ( ) → ( )

② 70から9をひいていく
70 → ( ) → ( ) → ( ) → ( )

③ 90から8をひいていく
90 → ( ) → ( ) → ( ) → ( )

④ 80から7をひいていく
80 → ( ) → ( ) → ( ) → ( )

⑤ 90から6をひいていく
90 → ( ) → ( ) → ( ) → ( )

⑥ 120から9をひいていく
120 → ( ) → ( ) → ( ) → ( )

2章 次は、ひき算

10円払って「おつり」をもらう

スキル… おつり ＋ ほすう10

【73 − 9】のような計算

　団子図でイメージをつくることができたら、今度は買い物の例で考えてみましょう。

　73 − 9 ならば、「73円もっていて（10円玉7個と1円玉3個）、9円の買い物をすると、残ったお金は？」という問題に置き換えることができます。

　これを式で表すと、
　　73 − 9 = 73 − (10 − 1) = 63 + 1 = 64
「団子図」の場合は「1串減って、はんぱが1個増える」でしたが、買い物の場合は「10円玉が1個減って、1円玉が1個増える」ことになります。

　このように、キリのいい数（この場合は10）をひいて、ひきすぎた（払いすぎた）分を、あとからたす計算法をスキル おつり と呼びます。

「超」計算トレーニング 9

① 84 − 9 =   ② 72 − 9 =

③ 58 − 9 =   ④ 63 − 9 =

⑤ 51 − 8 =   ⑥ 76 − 8 =

⑦ 32 − 6 =   ⑧ 21 − 7 =

⑨ 51 − 5 =   ⑩ 22 − 7 =

⑪ 33 − 8 =   ⑫ 93 − 6 =

100円払って「おつり」をもらう

スキル… おつり ＋ ほすう100

【335 − 99】のような計算

賢明な読者の皆さんはもう、**「おつり」が「ほすう」である**ことに気づいていらっしゃるでしょう。

もし「買い物」の値段が99円なら、99の補数が1なので、「100円払って1円のおつり」になります。

たとえば、335円もっていて、99円の買い物をするなら、次のように計算することができます。

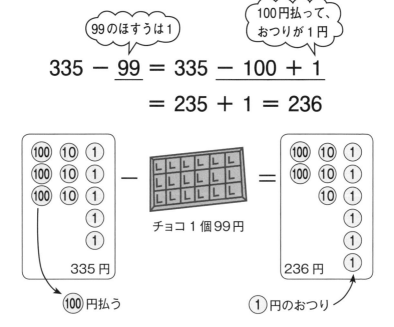

「超」計算トレーニング 10

① 271 − 99 =

② 412 − 95 =

③ 631 − 98 =

④ 332 − 94 =

⑤ 142 − 93 =

⑥ 982 − 96 =

⑦ 513 − 89 =

⑧ 832 − 84 =

⑨ 512 − 78 =

⑩ 131 − 74 =

⑪ 346 − 69 =

⑫ 211 − 58 =

1000円払って「おつり」をもらう

スキル… おつり ＋ ほすう1000

【2570 － 975】のような計算

「おつりをもらう」感覚さえ身につけば、3けた以上のひき算でも、考え方は同じです。

> 975のほすうは25

> 1000円払って、おつりが25円

$$2570 - 975 = 2570 - 1000 + 25$$
$$= 1570 + 25$$
$$= 1595$$

もし3けたの数のほすう（ちょうど1000）の計算で苦労するときは、28ページのヒントを思い出してください。小学生は特に「0」の入った数の繰り下がりでつまずきます。

たとえば、2570 － 908 という計算をしてみましょう。

908円の品物を1000円出して買ったときのおつりなら、

908の「ほすう－1」は 999 － 908 ＝ 91 →「ほすう」（おつり）は、91 ＋ 1 ＝ 92 です。したがって、

　2570 － 908 ＝ 2570 － 1000 ＋ 92 ＝ 1662

となります。

「超」計算トレーニング 11

①　1250 − 950 =

②　2700 − 992 =

③　3225 − 930 =

④　4221 − 993 =

⑤　7542 − 905 =

⑥　2414 − 906 =

⑦　2329 − 910 =

⑧　6831 − 920 =

⑨　5213 − 978 =

⑩　1413 − 966 =

⑪　2329 − 916 =

⑫　9163 − 924 =

「ちょうど」でなくてもかまわない

スキル… おつり ＋ ほすうモドキ

　ここまでの問題は、「値段」が99円とか975円というように、100や1000に近い場合、つまり「ほすう」をみつけやすい数字を扱ってきました。しかし実際に「買い物」をするときのことをイメージすれば、特定の値段でなくてもスキル おつり は通用します。

【530 − 198】のような計算

　たとえば、530 − 198 ならどうやって計算しますか？
530円もっていて、品物の値段が198円。おそらく「200円払って、おつりをもらう」はずです。したがって、

$$530 - (200 - 2) = 530 - 200 + 2$$
$$= 330 + 2$$
$$= 332$$

となります。つまり「ちょうど100」じゃなくても、「キリのいい数字」を支払って、おつりをもらえばよいのです。

ほすうモドキと
おつりの
合体スキルだ！

「超」計算トレーニング 12

① 750 − 199 =

② 560 − 285 =

③ 684 − 286 =

④ 724 − 389 =

⑤ 341 − 276 =

⑥ 911 − 678 =

⑦ 833 − 177 =

⑧ 642 − 369 =

⑨ 314 − 145 =

⑩ 741 − 459 =

⑪ 823 − 348 =

⑫ 814 − 238 =

2章 次は、ひき算

余分な小銭はサイフのなかへ

スキル… おつり ＋ ほすう1000

「品物」の値段を無理に「ちょうど」にするかわりに、「おサイフの中身」を「ちょうど」にする方法もあります。たとえば次のようなひき算はどうすればよいでしょうか？

【1057 − 788】のような計算

サイフのなかには1000円札が1枚と小銭が57円。「品物」は788円。どうやって買い物をしますか？　たぶん、57円は小銭入れのなかに入れたまま、1000円札を出しておつりをもらいますよね。おつりは788の補数の212。つまり、

$$1057 - 788 = 1000 - 788 + 57$$
$$= 212 + 57$$
$$= 269$$

です。

スキル ほすうモドキ で同じ計算をすると、

$$1057 - 788 = 1057 - 800 + 12$$
$$= 257 + 12$$
$$= 269$$

となります。

どちらが計算しやすいかは、与えられた数字によって異なるでしょう。

53ページの「超」計算トレーニングを、「余分な小銭はサイフに入れる」方法で計算してみて、どちらが使いやすいか試してみてください。

ただ、どちらの計算方法を使うにしても、ふつうの繰り下がりのひき算よりはラクなはずです。

1057 − 788 を「筆算」で計算すると、けっこうタイヘンなことになります。

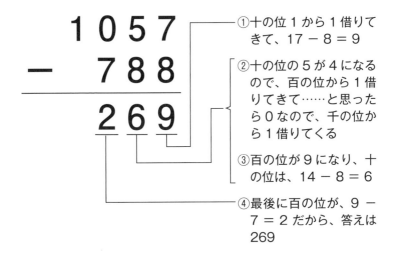

これはこれできちんと小学生に教えるべきですが、左ページの2つの計算法を比べてみれば、 おつり ＋ ほすう のメリットはご理解いただけるのではないでしょうか。

ヒント 小数のひき算こそ、おつりスキルで

スキル… おつり ＋ ほすう1 ／ おつり ＋ ほすう0.1

　小数のたし算・ひき算は、ちゃんと小数点の位置をそろえて筆算すれば、整数と同じように筆算で求めることができるのですが、暗算するにはけっこう手ごわい相手です。たとえば次のような計算はいかがでしょうか。

① 17 − 0.99 =
② 2.9 − 0.087 =

① 0.99 + 0.01 = 1 ですから、0.01 は 0.99 の「ほすう1」です。したがって、
　17 − 0.99 = 17 − 1 + 0.01
　　　　　　 = 16 + 0.01
　　　　　　 = 16.01
となります。

② 0.087 + 0.013 = 0.1 ですから、「ほすう0.1」を使っておつりをもらいます。
　2.9 − 0.087 = 2.9 − 0.1 + 0.013
　　　　　　　 = 2.8 + 0.013
　　　　　　　 = 2.813
となります。

　小数のたし算・ひき算については本書では扱いませんが、整数の基本的な計算スキルはすべて小数にも適用できることは、ぜひ覚えておいてください。

小数だからって
ビビらなくていいよ

3章

暗算＆速算の基本ルール

たし算、ひき算は
「上から」やろう

暗算は上の位からやろう

スキル… こうじゅん

　前章の最後で、「筆算型」のひき算とスキル おつり 方式のひき算を対比しましたが、両者の根本的なちがいに気づかれたでしょうか。

　筆算型の場合は、基本的に下の位から計算していきます。したがって「ひけない」場合は上の位から「借りてくる」という説明をします。

　それに対して、**暗算は「上の位」から計算**します。

　どちらが正しい計算方法かという議論は無意味です。なぜなら両方とも正しい計算であり、小学生のうちにきちんと筆算の仕方と繰り下がりの練習はさせておくべきだからです。

　しかし、いったん筆算のルールを習得したあとは、「できるだけ暗算でやる」ようにしたほうが「数をかたまりとしてとらえる」感覚が身につきますし、読者の皆さんの「脳トレ」にも役立つと思います。

　本書では「上の位から計算する」ことを、スキル こうじゅん と呼びます。1・2章で学んだスキルを活用しながら、本章ではスキル こうじゅん のトレーニングをしていきましょう。なお、「こうじゅん」は漢字では「降順」と書きます。

2けたのたし算を「上から」やる

スキル… こうじゅん

【79 ＋ 58】のような計算

まずは2けたのたし算から復習していきましょう。

　73 ＋ 54

これは一の位の繰り上がりがないので、おそらく、
「73に50をたして123」→「123に4をたして127」と暗算するはずです。

では次の問題はどうでしょうか。

　79 ＋ 58

上の位から暗算しますか？　それとも筆算で一の位から計算しますか？

スキル こうじゅん で計算すると、次のようになります。

① 79 ＋ 50 ＝ 129　（まず79に十の位をたす）
② 129 ＋ 8 ＝ 137　（次に①の答えに一の位をたす）

いかがですか？

もちろんスキル ほすうモドキ を使って、「58 に 80 をたして 1 をひく」こともできます。

　79 + 58 = 80 − 1 + 58 = 138 − 1 = 137

　実はこの計算も、頭のなかで「上の位」から計算しているはずです。

① 　80 + 58 = 138
② 　138 − 1 = 137

つまり、スキル ほすう は基本的にスキル こうじゅん と一心同体なのです。

速算の達人はみんな
「上の位」から計算するよ

「超」計算トレーニング 13

① 72 + 47 =   ② 63 + 56 =

③ 58 + 87 =   ④ 78 + 47 =

⑤ 36 + 78 =   ⑥ 89 + 64 =

⑦ 67 + 57 =   ⑧ 66 + 66 =

⑨ 38 + 94 =   ⑩ 98 + 79 =

⑪ 39 + 87 =   ⑫ 46 + 97 =

3けた以上のたし算を「上から」やる

スキル… こうじゅん

【449 + 373】のような計算

3けた以上の場合でも、やり方は同じです。

　449 + 373

という計算なら、

①まず百の位（300）をたす　→　②次に十の位（70）をたす　→　③最後に一の位（3）をたす

① 　449 ＋ 300 ＝ 749
　　　　　　（百の位）
② 　749 ＋ 　70 ＝ 819
　　　　　　（十の位）
③ 　819 ＋ 　 3 ＝ 822
　　　　　　（一の位）

ちなみに筆算で表すと右のようになります。

```
    449
  +300        百の位
   ↓        4 ＋ 3 ＝ 7
    749
  + 70        十の位
   ↓       74 ＋ 7 ＝ 81
    819
  +  3        一の位
   ↓       19 ＋ 3 ＝ 22
    822
```

4けたになっても、スキルの基本的な活用方法はかわりありません。たとえば、

　2935 ＋ 1577

なら、

①　2935 ＋ 1000 ＝ 3935
②　3935 ＋ 　500 ＝ 4435
③　4435 ＋ 　 70 ＝ 4505
④　4505 ＋ 　　7 ＝ 4512

```
  2935
＋1000       千の位
  ↓        2 ＋ 1 ＝ 3
  3935
＋ 500       百の位
  ↓        39 ＋ 5 ＝ 44
  4435
＋  70       十の位
  ↓        43 ＋ 7 ＝ 50
  4505
＋   7       一の位
  ↓        5 ＋ 7 ＝ 12
  4512
```

「超」計算トレーニング 14

① 256 + 312 =   ② 108 + 506 =

③ 473 + 252 =   ④ 781 + 136 =

⑤ 358 + 427 =   ⑥ 219 + 456 =

⑦ 388 + 536 =   ⑧ 649 + 183 =

⑨ 876 + 469 =   ⑩ 488 + 579 =

⑪ 4135 + 1621 =   ⑫ 3282 + 2546 =

2けたずつ区切って計算する

スキル… こうじゅん ＋ けた分け

　左ページの⑪⑫はいかがでしたか？　4けたになると、少しツラくなってきませんか？

　けた数が増えると、ミスも発生しやすくなります。こういうときはスキル けた分け を使いましょう。

「けた分け」とは、ある数を2つ（以上）の数の合計（和）に分解するスキルです。

　前項でも「373 ＝ 300 ＋ 70 ＋ 3」というように、百の位・十の位・一の位に分解して計算しましたね。

　「団子図」的にいえば、「箱」と「串」と「（はんぱの）団子」に分けているわけです。このように「位」ごとにけた分けするスキルは、次章の「かけ算」で大活躍します。

　「数を分解する」というときは、このように和の形に分解する場合（和分解）と、「39 ＝ 3 × 13」というようにかけ算の形に分解する場合（積分解）があります。

　本書では、後者の **「積分解」をスキル ぶんかい 、「和分解」をスキル けた分け** として、区別することにします。

　さて、大きな数のたし算・ひき算をするときには、どうやって「けた分け」するのがベストでしょうか？

　我々のような凡人が確実に暗算できるのは、たぶん2けた

まででしょう。したがって下から2けたずつで区切って、それぞれを暗算します。

ちなみに日常生活や受験勉強でたし算の暗算ができると便利なのはせいぜい4けた。4けたは2けた・2けたに「けた分け」すると、2けたの暗算2回でクリアできます。

【3449 ＋ 5824】のような計算

たとえば、

3449 ＋ 5824

という計算なら、次のように解くことができます。

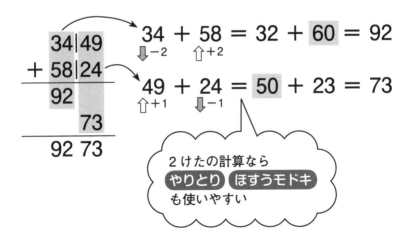

「超」計算トレーニング 15

① 7215 + 1633 =

② 2808 + 3212 =

③ 5528 + 3863 =

④ 1720 + 4837 =

⑤ 3827 + 5649 =

⑥ 2756 + 3916 =

⑦ 3828 + 1437 =

⑧ 8614 + 7858 =

⑨ 143511 + 324118 =

⑩ 314628 + 263604 =

6けたなら
2けた・2けた・2けた
に「けた分け」するよ

2けたのひき算を「上から」やる

スキル… こうじゅん

　ひき算も、同じように「上から」やりましょう。

　小学2〜3年生の子どもたちに「上から暗算しなさい」というと、「え〜っ」「そんなの無理〜」などと反応する場合があります。

「ふ〜ん。じゃあね。たとえば、おサイフのなかに2530円入っていたとするよ」

「そんなに入ってないも〜ん」「先生はもってるの？」

「授業中は死後現金……じゃなくて私語厳禁！『たとえば』っていってるでしょ」

「は〜い」

「で、『1260円の買い物をしたら、お金はいくら残るでしょう』という問題だ。さあ、一円から計算する？　それとも千円から計算する？」

　するとほとんどの子どもが「千円から」と答えます。少なくとも「買い物」の場合は、それが「自然な」計算方法なのです。

　では、まず2けたのひき算練習から。

【75 − 36】のような計算
　① 75 − 30 = 45　（十の位を計算する）
　② 45 − 6 = 39　（一の位を計算する）
ですね。

「超」計算トレーニング 16

① 75 − 43 =

② 69 − 57 =

③ 95 − 81 =

④ 35 − 18 =

⑤ 74 − 19 =

⑥ 62 − 34 =

⑦ 31 − 22 =

⑧ 74 − 48 =

⑨ 43 − 17 =

⑩ 44 − 18 =

⑪ 38 − 19 =

⑫ 96 − 19 =

3けた以上のひき算を「上から」やる

スキル… こうじゅん

　もう計算の手順を解説しなくても、やり方はわかるでしょうから、例題と解法だけ掲載しておきます。
　途中でスキル おつり が使えることに気づくと、計算の工程が少なくなります。

【783 － 359】のような計算

① 783 － 300 ＝ 483

② 483 － 50 ＝ 433 　　②' 483 － 60 ＋ 1 ＝ 424
　　　　　　　　　　　　　　おつり ＋ ほすうモドキ

③ 433 － 9 ＝ 424

【3059 － 1798】のような計算

① 3059 － 1000 ＝ 2059

② 2059 － 700 ＝ 1359　　②' 2059 － 800 ＋ 2 ＝ 1261
　　　　　　　　　　　　　　　おつり ＋ ほすうモドキ

③ 1359 － 90 ＝ 1269

④ 1269 － 8 ＝ 1261

「超」計算トレーニング 17

① 647 − 416 =

② 568 − 367 =

③ 926 − 831 =

④ 304 − 282 =

⑤ 428 − 142 =

⑥ 736 − 118 =

⑦ 923 − 458 =

⑧ 835 − 256 =

⑨ 4758 − 3114 =

⑩ 8639 − 6512 =

⑪ 6259 − 3818 =

⑫ 7238 − 4491 =

「マイナス」をおそれない
スキル… こうじゅん ＋ けた分け ＋ せいさん

　小学校の指導が「下の位から筆算」方式のひき算にこだわるのは、「ひけなくなる」場合があるからではないでしょうか。でも、どうせひけなくなって「上の位から借りてくる」くらいなのですから、とりあえず細かい端数（はすう）のお金は「借り」にしておいて、あとで「せいさん」すればよいのです。

【725 － 433】のような計算

　百の位以上と、100円未満の端数に「けた分け」して、まず700から400をひきます。

　しかし下2けたの端数は、25 － 33 なのでひけません。

　この計算を「8不足」（マイナス8）とカウントしておきます。

① 700 － 400 ＝ 300
② 25 － 33 ＝ －8

　最後に「せいさん」して、300 － 8 ＝ 292 となります。

　これがスキル せいさん です。

　「マイナス」（負の数）を学習するのは中学1年生ですが、小学5年生くらいなら、この計算にそれほど抵抗はないはずです。4けたのひき算になると、このスキル・コンボがどんどん楽しくなってきます。

【3522 − 1927】のような計算

```
  35│22      35 − 19 = 16
−│19│27
  ─────
  16         22 − 27 = −5
     −5
  ─────
  15  95  → 1600 − 5
```
せいさん

　このように下2けたの数の差が小さい（22と27のように）ときは、気持ちよくスキル **せいさん** を使うことができるはずです。

細かい端数のマイナスはあとから「せいさん」すればいいよ

「超」計算トレーニング 18

① 730 − 340 =

② 825 − 526 =

③ 523 − 231 =

④ 657 − 468 =

⑤ 728 − 344 =

⑥ 541 − 178 =

⑦ 628 − 561 =

⑧ 942 − 168 =

⑨ 6849 − 2114 =

⑩ 7368 − 4151 =

⑪ 7424 − 3232 =

⑫ 6234 − 3857 =

ヒント 単位計算こそ「せいさん」で
スキル… こうじゅん + せいさん

　かなり算数の成績が優秀な小学生でも、次のような計算でとまどうことがよくあります。
　　3日11時間 − 1日14時間

　1日は24時間なので、「3日11時間」を「2日35時間」とすれば、
　　3日11時間 − 1日14時間
　= 2日35時間 − 1日14時間
　= 1日21時間
なのですが、時間は十進法ではないことが「つまずき」の原因かもしれません。
　こんなときは、「日」と「時間」をけた分けして、
　　3日 − 1日 = 2日
　　11時間 − 14時間 = −3時間
と考えると、
　　3日11時間 − 1日14時間 = 2日 − 3時間
　　　　　　　　　　　　　 = 1日21時間
というようにスキル せいさん を使って計算できます。

```
      3 日 11 時間
  −  1 日 14 時間
  ─────────────
      2 日
          − 3 時間
  ─────────────
      1 日 21 時間
```

3章　暗算&速算の基本ルール

ヒント 帯分数は整数と分数に「けた分け」

スキル…けた分け + おつり

分数のひき算でもスキル けた分け は有効です。

$$7\frac{1}{4} - 2\frac{5}{6}$$

を考えます。

あとに登場する分数のかけ算・わり算では、帯分数はすべて仮分数に直して計算します。さらに分母が異なるので（4と6）、これを「12」で通分します。こうした操作を学んだ小学生の多くは、

$$7\frac{1}{4} - 2\frac{5}{6} = \frac{29}{4} - \frac{17}{6} = \frac{87}{12} - \frac{34}{12} = \frac{53}{12} = 4\frac{5}{12}$$

　　　　　　　仮分数に　　　　通分

という面倒な計算をします。しかし、たし算・ひき算は仮分数に直さなくても、「整数部分」と「分数部分」に「けた分け」して、整数同士・分数同士計算すればよいのです。

ふつうは「$\frac{1}{4}$ から $\frac{5}{6}$ はひけないから、7 から 1 借りてきて……」

$$7\frac{1}{4} - 2\frac{5}{6} = 6\frac{5}{4} - 2\frac{5}{6} = 6\frac{15}{12} - 2\frac{10}{12} = 4\frac{5}{12}$$

と教えますが、分数部分についてスキル おつり を使えば、もっと簡単に計算できます。

$2\frac{5}{6} = 3 - \frac{1}{6}$ ですから、

$$7\frac{1}{4} - (3 - \frac{1}{6}) = (7 - 3) + (\frac{1}{4} + \frac{1}{6}) = 4\frac{5}{12}$$

4 章

3数以上の
たし算・ひき算

計算しやすいチームを
うまくつくろう

ならべかえて計算しよう

　ここまでは2つの数の加減だけを扱ってきましたが、3つ以上の数の加減や、＋－の混ざった計算はどうやって暗算すればよいのでしょうか。

　たし算の場合、「交換法則」というルールがあります（かけ算にもあてはまります）。

　　3 + 6 = 6 + 3

　要するに、**「勝手に順番を入れ換えてもいいですよ」**ということなので、「ならべかえ」です。

【7 ＋ 9 ＋ 3】のような計算

　7と3は ほすう10 の関係なので、

　　7 + 9 + 3 = 7 + 3 + 9 = 10 + 9 = 19

と計算することができます。しかし、実際に「ならべかえ」をして、式を書き直す必要はありません。「ならべかえ」をするのは、**先に計算すると都合のいい数どうしを組み合わせて「チーム」をつくる**ためなので、頭のなかで順序を入れ換えて計算すればいいのです。

$$\boxed{7} + 9 + \boxed{3} = \boxed{10} + 9 = 19$$

　ほすう10

「チーム・ほすう」をみつけよう

スキル… ほすう10

1章のスキル ほすう10 が真の効果を発揮しはじめるのが、項数(こうすう)の多い計算です。

【8＋5＋3＋2＋7】のような計算

1つの式のなかに、たくさんの「チーム」ができそうですね。そんなときは、チェックを入れながら解いていきましょう。

$$8 + 5 + 3 + 2 + 7$$
$$= 10 + 10 + 5$$
$$= 25$$

(ほすう10: 8と2、ほすう10: 3と7)

チームをつくろう！

「超」計算トレーニング 19

① 8 + 9 + 2 =

② 7 + 4 + 3 =

③ 5 + 2 + 7 + 5 =

④ 6 + 3 + 4 + 5 =

⑤ 3 + 9 + 8 + 7 + 1 =

⑥ 5 + 4 + 5 + 7 + 6 =

⑦ 7 + 7 + 4 + 3 + 6 =

⑧ 5 + 4 + 9 + 5 + 1 =

⑨ 4 + 9 + 2 + 1 + 8 + 4 =

⑩ 1 + 4 + 2 + 2 + 8 + 6 =

「チーム・ほすう100」をつくろう

スキル… ほすう100

【72 ＋ 59 ＋ 28】のような計算

2けたの数を3個以上たす計算になると、1章でトレーニングした「ほすう100」が威力を発揮してきます。たとえば次の計算は前から順番にたしていくと、繰り上がりに悩まされますが、「チーム」をみつければ一瞬で暗算できるはずです。

$$\overset{\boxed{\text{ほすう100}}}{72 + 59 + 28}$$
$$= (72 + 28) + 59$$
$$= 159$$

ちなみに低学年の授業では、パワーポイントを使って、2けたの数3～4個を数秒間見せ、「どれとどれを先にたす？」ゲームをしています。

| 74 | 44 | 26 |

3つの数の合計を求めよ

「超」計算トレーニング 20

① 87 + 55 + 13 =

② 63 + 37 + 23 =

③ 79 + 45 + 52 + 21 =

④ 28 + 46 + 72 + 54 =

⑤ 31 + 42 + 59 + 58 + 69 =

⑥ 33 + 19 + 47 + 53 + 67 =

⑦ 23 + 39 + 77 + 71 + 61 =

⑧ 65 + 11 + 45 + 89 + 55 =

⑨ 28 + 41 + 72 + 21 + 59 + 11 =

⑩ 32 + 15 + 42 + 55 + 85 + 58 =

ここでも「モドキ」が大活躍

スキル… ほすうモドキ

1章でも練習したように、スキル ほすう のミソは「繰り上がりを減らす」ことにあるのですから、無理に「ちょうど100」にする必要はありません。

【42 + 89 + 38】のような計算

一の位が0になる「チーム」をつくるだけで、計算はカンタンになります。

ほすうモドキ

$$42 + 89 + 38$$
$$= (42 + 38) + 89$$
$$= 80 + 89 = 169$$

スキル ほすうモドキ を使えば、次のような計算も楽勝ですね。

$$57 + 36 + 32 + 13 + 48$$
$$= (57 + 13) + (32 + 48) + 36$$
$$= 70 + 80 + 36 = 186$$

チームが増えれば計算がラクになる

「超」計算トレーニング 21

① 51 + 19 + 36 =

② 37 + 24 + 53 =

③ 18 + 19 + 42 =

④ 75 + 64 + 15 =

⑤ 32 + 28 + 56 + 14 =

⑥ 25 + 19 + 35 + 31 =

⑦ 32 + 35 + 11 + 48 + 29 =

⑧ 44 + 23 + 15 + 17 + 65 =

⑨ 12 + 25 + 34 + 28 + 46 =

⑩ 15 + 12 + 26 + 15 + 34 =

たし算とひき算が混ざっている場合は？

スキル… おつり ＋ ほすうモドキ

ひき算の場合は、交換法則が成り立ちません。

$6 - 3 \neq 3 - 6$

しかし、－3を「－3をたす」と考えれば、**ひき算はすべて「マイナスのたし算」**になるので、交換法則が適用できます。たとえば、こんなカンジです。

$$6 - 3 + 4 = 6 + 4 - 3$$

（－3をたす）

「マイナスのたし算」は中学1年生で学習する内容ですが、経験的に、トランプのゲームなどを利用すれば、小学3年生くらいでも、この「ならべかえ」は理解させることができます。

【41 － 17 ＋ 38 － 22】のような計算

まず、「たす数」と「ひく数」をまとめる練習からしていきましょう。

$$41 - 17 + 38 - 22 = (41 + 38) - (17 + 22)$$
$$= 79 - 39 = 40$$

実際に計算するときは、わざわざ式のならべかえをしなくても、「− 17」と「− 22」を□で囲んで、「プラスのチーム」と「マイナスのチーム」に分けてやればOKです。

41 −17 + 38 −22 = 79 − 39 = 40

（プラスのチーム）（マイナスのチーム）

もう1問。
　59 − 37 + 31 + 44 − 29 − 13

各「チーム」内の計算は、スキル ほすうモドキ をどんどん活用していきましょう。最後のひき算もスキル おつり を使うと、計算ミスがさらに少なくなります。

59 − 37 + 31 + 44 − 29 − 13
90　ほすうモドキ　ほすうモドキ　50

= 90 + 44 − (50 + 29)

= 134 − 79 = 134 − 80 + 1 = 55
　　　　　　　　　　おつり

「超」計算トレーニング 22

① 53 − 18 + 16 =

② 62 − 17 + 18 =

③ 14 − 33 + 52 − 22 =

④ 35 − 26 + 43 − 44 =

⑤ 34 + 29 − 12 − 31 + 11 =

⑥ 36 − 15 + 42 − 25 − 13 =

⑦ 42 + 13 − 29 − 22 − 11 + 28 =

⑧ 35 − 21 + 15 + 39 − 24 − 19 =

⑨ 31 − 22 + 46 − 28 − 26 + 34 =

⑩ 77 − 41 + 22 + 13 − 14 − 19 =

＋と－は打ち消しあう

スキル… そうさい

「プラスのチーム」と「マイナスのチーム」をまとめるのは「当たり前」の計算方法であって、劇的に計算がラクになるわけではありません（ただし小学生にとっては、決して「当たり前」ではないので、しっかりとトレーニングさせる必要があります）。

でもご心配なく。たし算とひき算の混ざった計算の必殺スキルはこんなレベルではありません。

【24－7－9＋7】のような計算

「＋7」と「－7」でちょうど「プラスマイナス0」ですから、この2つに斜線をいれて打ち消します。これをスキル そうさい と呼びます。そうさいは「相殺」するということです。

$$24 - 7 - 9 + 7 = 24 - 9 = 15$$

（そうさい）

【35 − 19 + 23 + 18 − 4】のような計算

1対1で そうさい できなくても、− 19 と − 4 の「マイナスのチーム」で 23 と そうさい できます。

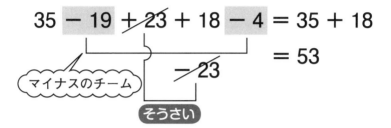

2対1の
「そうさい」も
OK！

＋と－は打ち消しあわない……けど？

スキル… そうさいモドキ

　完全な「そうさい」を行うためには、「プラスのチーム」と「マイナスのチーム」に同じ大きさの数字が存在する必要があります。だけど、そんな都合のいい計算はめったにないでしょう。

　しかし、同じ大きさの数がなくても、**一の位が０になるような＋と－の混合チームをつくれば、計算はカンタン**になります。これをスキル そうさいモドキ と呼ぶことにします。

【97 － 49 － 23 － 17 ＋ 59】のような計算

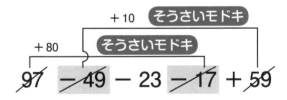

$= 80 + 10 - 23$

$= 67$

　ここでツッコミが入りそうです。「そういつも一の位が０になる計算はめったにないでしょ！」

　おっしゃるとおりです。スキル そうさいモドキ にはもう

1つあります。たとえば、

　$58 + 17 - 47$

という計算も、**＋と－の計算がカンタンなものを見つけて**「そうさい」しましょう。

$$\underset{+11}{\overset{\text{そうさいモドキ}}{\cancel{58} + 17 \cancel{- 47}}}$$
$$= 11 + 17$$
$$= 28$$

小学生はマイナス（負の数）の扱いに慣れていないので、上のようにしてみましたが、一の位に注目して、下のように「そうさい」してもOKです。

$$\underset{-30}{\overset{\text{そうさいモドキ}}{58 + \cancel{17} \cancel{- 47}}}$$
$$= 58 - 30$$
$$= 28$$

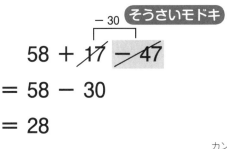

カンタンそうなものを見つけるセンスが大事だね

「超」計算トレーニング 23

① 36 − 8 − 5 + 8 =

② 62 − 17 + 18 − 1 =

③ 51 − 32 + 24 − 19 =

④ 43 + 39 − 21 − 18 =

⑤ 26 + 64 − 37 + 27 − 24 =

⑥ 44 − 62 − 24 + 34 + 42 =

⑦ 39 + 22 − 25 =

⑧ 31 + 46 − 22 =

⑨ 25 + 31 − 12 − 26 + 39 =

⑩ 44 − 25 + 11 + 66 − 12 =

同じような数がたくさんあったら ①

スキル… へいきん

【123 + 121 + 130 + 121 + 132】のような計算

7 + 7 + 7 + 7 が「7 × 4 = 28」と計算できることは、小学 2 年生でも知っています。では次の計算は？

102 + 107 + 100 + 103

おそらく読者の皆さんは、

102 + 107 + 100 + 103
= 100 × 4 +（2 + 7 + 3）
= 412

と計算されたのではないでしょうか。正解ですね。

123 + 121 + 130 + 121 + 132

の場合は、全部 100 にそろえるより、「120」にそろえたほうがラクでしょう。つまり、

123 + 121 + 130 + 121 + 132
= 120 × 5 + (3 + 1 + 10 + 1 + 12)
= 627

27

ということです。このように「同じような数」が何個もならんでいるときは、「だいたい 120 くらい」というように、キリのいい数にまとめて、計算したほうがラクです。これをスキル へいきん と呼びます。

同じような数がたくさんあったら ②

スキル… へいきん ＋ そうさい

【102 ＋ 97 ＋ 109 ＋ 95 ＋ 103】のような計算

　この計算も「同じような数」がならんでいますが、「キリのいい数」をいくつに設定しますか？

　「マイナスをおそれない」習慣が身についていれば、スキル へいきん で「90」ではなく「100」にそろえるはずです。
　つまり、5個の平均がだいたい100だと仮定して、そこからの「＋」「－」を計算するのです。もちろんここでスキル そうさい を発動することもできます。

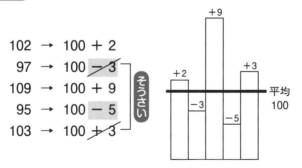

$$102 + 97 + 109 + 95 + 103$$
$$= 100 \times 5 + (2 + 9 - 5)$$
$$= 506$$

「超」計算トレーニング 24

① 101 + 105 + 104 + 103 =

② 110 + 109 + 115 + 107 =

③ 109 + 98 + 102 + 99 =

④ 121 + 118 + 122 + 117 =

⑤ 102 + 103 + 107 + 101 + 106 =

⑥ 108 + 111 + 113 + 106 + 110 =

⑦ 101 + 96 + 102 + 106 + 98 =

⑧ 133 + 129 + 134 + 124 + 131 =

⑨ 1006 + 992 + 994 + 1011 + 1009 =

⑩ 1204 + 1199 + 1189 + 1201 + 1211 =

数が規則正しくならんでいたら ①

スキル… **へいきん**

「1 + 2 + 3 + 4 + 5 + 6 + 7」とか「7 + 9 + 11 + 13 + 15」というように、**等間隔にならんでいる数の列を「等差数列」といいます。**

あ、なんか小学校か中学校で習ったような気がする……と気づかれた読者もいらっしゃるかもしれません。

等差数列の合計は、ふつう次のような公式で求めます。

$$1 + 2 + 3 + 4 + 5 + 6 + 7$$
$$7 + 6 + 5 + 4 + 3 + 2 + 1$$

うしろから順に並べ直す

$$8 + 8 + 8 + 8 + 8 + 8 + 8$$

← 2つの式をたてにたすと、「8」が7個できる

$$1 + 2 + 3 + 4 + 5 + 6 + 7$$
$$= (1 + 7) \times 7 \div 2$$
$$= 28$$

つまり、

等差数列の和
=（最初の数＋最後の数）×個数 ÷ 2

実は、この等差数列の合計もスキル へいきん で求めることができます。

等差数列を棒グラフのように表すと、下図のようになります。まん中の「4」でスキル へいきん を使います。

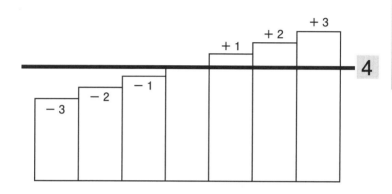

$$1 + 2 + 3 + 4 + 5 + 6 + 7$$
$$= 4 \times 7 = 28$$

前ページの公式を変形すると、

等差数列の和＝まん中の数（平均）×個数

となるのです。

「7 + 9 + 11 + 13 + 15」なら、まん中の「11」にそろえることができるので、

　7 + 9 + 11 + 13 + 15 = 11 × 5 = 55

ですね。

数が規則正しくならんでいたら②

スキル… へいきん

　完全な「等差」になっていなくても、このスキルを応用することはできます。
　たとえば次のようなケースです。
　　4 + 5 + 6 + 6 + 8
　うしろから2番目の6が7なら等差なので、6を7とみなして、あとで1をひきます。
　　4 + 5 + 6 + 6 + 8 = 6 × 5 − 1 = 29

「個数が偶数個（4個とか6個）だったら、どうするの？」
　よい質問です。偶数個だと「まん中」がありませんからね。
　　4 + 5 + 6 + 7 + 8 + 9
　この場合は、6個の平均は6と7のまん中だからと考えて、
　　4 + 5 + 6 + 7 + 8 + 9
　　(6 + 7) ÷ 2 = 6.5
　　6.5 × 6 = 39
とします。小数のかけ算になりますが、あとの章で紹介するように、6.5 × 6 = 13 × 3 = 39（スキル アップ・ダウン）という計算方法があるので、それほど苦にならないでしょう。

【補足】

次のように、「チーム」をつくることもできます。

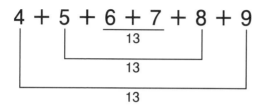

このように6 + 7 = 13のチームが3組あるので、(6 + 7) × 3 = 39と計算することもできますが、偶数個の場合でも同じ「平均×個数」で処理したほうが一貫性があってよいと思います。

ここまでは1つずつ大きくなる等差数列でしたが、次ページの「超」計算トレーニングでは、3や4などの等差数列もありますので、チャレンジしてみてください。

レッツ、チャレンジ！

「超」計算トレーニング 25

① 7 + 8 + 9 =

② 10 + 15 + 20 + 25 =

③ 3 + 6 + 9 + 12 + 15 =

④ 18 + 22 + 26 + 30 =

⑤ 10 + 11 + 11 + 13 + 14 =

⑥ 30 + 32 + 34 + 35 + 38 =

⑦ 13 + 15 + 19 + 22 =

⑧ 5 + 9 + 13 + 19 + 21 + 25 =

⑨ 24 + 30 + 40 + 48 + 56 + 64 =

⑩ 14 + 20 + 24 + 29 + 35 + 39 =

5章

いよいよ、かけ算

「たて×よこ」の「かたまり」で
"九九"以上のかけ算もラクラク

かけ算を「かたまり」でイメージしよう

　読者の皆さんのなかに「九九」が暗唱できない方はいらっしゃらないと思います。
　九九は小学2年生で学習しますが、私の知る限り、小学校での九九の指導はたし算型。つまり、
　　3×1＝3, 3×2＝6, 3×3＝9, ……, 3×9＝27
というように「3ずつ増えていく」方式で教えます。
　あとは「2・1が2, 2・2が4, 2・3が6, ……」を歌にしたものを聞かせたり、九九の表を使ってゲームをしたり、といったところがメジャーでしょう。
　1章でも引用した学力調査の結果では、2年生の九九の正答率が98％、2けたのひき算の正答率が88％ですから、九九に関しては、いまの小学校での指導法で問題ないのかもしれません。

　しかし暗算力を高めるには、たし算型と「ににんがし」の暗唱ではなく、**かけ算を「かたまり」としてとらえるべき**です。「たし算型」でしか考えられない子は、「九九」までは暗唱と反復練習で覚えることができるでしょうが、なかなかその先（2けた×1けた）に進むことはできません。
　たとえば図1のようなカードをみせて「5×4＝20」と答える練習をさせてみてはどうでしょうか。もちろん、読者の

皆さんの練習にもなります。

「5 × 4」の式は表示しないで、団子の数を目で数えさせたほうがベターです。**「目で数える」**ことも暗算力の育成には必要だからです。最初は1個ずつ数えて、数え間違えるかもしれませんが、そのうち、図2のように団子を移動させて、5 × 4 = 10 × 2 に気づく子もいます。

この発想が本章で扱う暗算スキルの基礎でもあります。

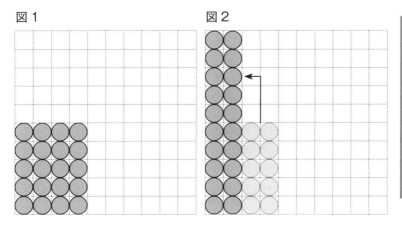

図1　　　図2

「かたまり」でとらえよう

「9の段」は、串4本（40個）− 4個 ＝ 36個 と数えることもできます。これはスキル おつり につながる発想です。ここから「8の段」「7の段」と下がっていくのも、よいトレーニングになるでしょう。

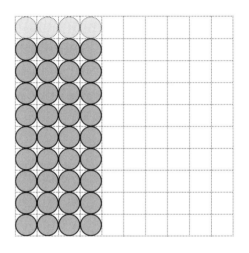

では、かけ算がこのように「たて×よこ」の「かたまり」としてイメージできていることを前提として、かけ算の上級スキルの習得へと話を進めることにしましょう。

「11 〜 19」の段を暗算しよう

スキル… けた分け ＋ こうじゅん

　ようやく九九をマスターしたばかりの小学2年生でも、「12 × 4」はかなりの正答率で暗算できます。

「どうやって計算したの？」とたずねると、「12、24、36、48と数えた」という子と「10が4つで40で、2が4つで8だから」という子がいます。どちらにしても繰り上がりがないので正答率が高くなるのですが、後者の発想ができる子なら、その先に進むことも容易なはずです。

【12 × 6】のような計算

　たとえば、この計算を「団子図」で表すと、次のようになります。

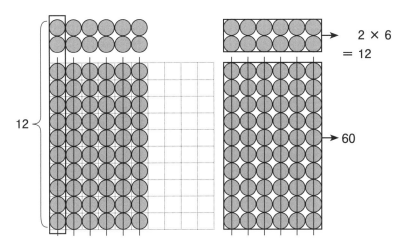

12を「串1本とはんぱの団子2個」に分けて考えると、その6倍は、串6本とはんぱが2×6 = 12個。つまり60 + 12 = 72、となります。これを式で表すと、こうなります。

$$12 \times 6 = (10 + 2) \times 6$$
$$= 10 \times 6 + 2 \times 6$$
$$= 60 + 12$$
$$= 72$$

数学的に説明すると、ここでは、

(a + b) × c = a × c + b × c

という「分配法則」を利用しています。十の位と一の位を分けて計算しているので、これもスキル けた分け の一種です。

11〜19までの2けたの数と1けたの数のかけ算をスキル こうじゅん で暗算できるようになると、「2けたと2けた」以上のかけ算、わり算がスムーズにできます。

10 × 6のかけ算、2 × 6のかけ算と60 + 12のたし算の3つを同時に暗算しますが、最初の2つのかけ算の答えをいったん「メモメモ」してもOK。その場合、「大きい順」に書いていきましょう。

メモメモ
60
12
――
72

10 × 6 = 60
を上に書く

「超」計算トレーニング 26

① 13 × 6 =   ② 12 × 5 =

③ 16 × 7 =   ④ 17 × 8 =

⑤ 19 × 4 =   ⑥ 13 × 9 =

⑦ 14 × 6 =   ⑧ 18 × 6 =

⑨ 19 × 6 =   ⑩ 17 × 5 =

⑪ 14 × 7 =   ⑫ 13 × 7 =

ヒント 19×9までの計算表と仲よしになろう

11×1～19×9までの計算結果を表にしてみました。

	1	2	3	4	5	6	7	8	9
11	11	22	33	44	55	66	77	88	99
12	12	24	36	48	60	72	84	96	108
13	13	26	39	52	65	78	91	104	117
14	14	28	42	56	70	84	98	112	126
15	15	30	45	60	75	90	105	120	135
16	16	32	48	64	80	96	112	128	144
17	17	34	51	68	85	102	119	136	153
18	18	36	54	72	90	108	126	144	162
19	19	38	57	76	95	114	133	152	171

　この表を暗記する必要はありません。ひと目みて答えが出てこないところを「こうじゅん」＋「けた分け」で計算して、正しいかどうかチェックしてみてください。
　ただし、ここに登場する数字と「仲よし」になって、「119＝ 7 × 17」というように、答えを2つの数の積の形になおすことができるようになると（あとで出てくるスキル「ぶんかい」）、この先の「分数のかけ算・わり算」のときに、ものすごく役に立ちます。

「20以上の2けたの数×1けたの数」を暗算する

スキル… けた分け ＋ こうじゅん

2けたの数を「串」と「はんぱ」に けた分け するイメージができたら、あとは「99 × 9」まで同じ手順で計算できます。しだいに繰り上がりが増えてくるので、 こうじゅん で暗算しきれない場合も増えてくるかもしれませんが、こういうときは恥ずかしがらずに「メモメモ」しましょう。

【23 × 9】のような計算

23を「串2本とはんぱ3個」に分けて、それぞれを9倍します。

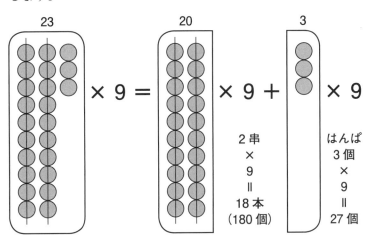

= 180 ＋ 27 ＝ 207

「超」計算トレーニング 27

① 24 × 3 =   ② 12 × 5 =

③ 36 × 4 =   ④ 54 × 8 =

⑤ 46 × 8 =   ⑥ 66 × 7 =

⑦ 38 × 5 =   ⑧ 42 × 9 =

⑨ 28 × 7 =   ⑩ 86 × 4 =

⑪ 96 × 9 =   ⑫ 48 × 3 =

2けたの数の一の位が9のとき

スキル… けた分け(−) + こうじゅん

【29 × 7】のような計算

2けたの数の一の位の数が大きいときは、**マイナスのけた分け**を使ったほうが便利です。これをスキル けた分け(−) と呼び、普通のけた分けを必要に応じてスキル けた分け(＋) と呼ぶことにします。

つまり、29は「串3本から1個とる（食べた）」と考えるのです（スキル おつり の変形ですね）。

$$29 \times 7 = (30 - 1) \times 7$$
$$= 210 - 7 = 203$$

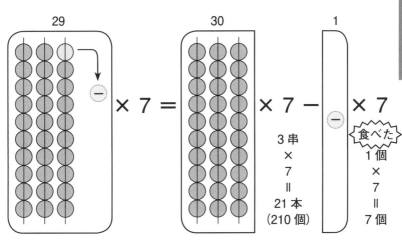

$$= 210 - 7 = 203$$

一の位が8とか7とかの場合でもこのスキルは適用可能ですが、9の場合ほどイメージしやすくはない（食べた個数が2けたになると、繰り下がりのひき算が面倒くさい）ので、状況に応じて使い分けましょう。

$$38 \times 8 = (40 - 2) \times 8$$
$$= 40 \times 8 - 2 \times 8$$
$$= 320 - 16$$
$$= 304$$

$$38 \times 8 = (30 + 8) \times 8$$
$$= 30 \times 8 + 8 \times 8$$
$$= 240 + 64$$
$$= 304$$

　皆さんはどちらのほうがお好みですか？　両方の計算をして、検算できるようになるのがベストです。

「超」計算トレーニング 28

① 29 × 5 =   ② 19 × 8 =

③ 39 × 7 =   ④ 59 × 6 =

⑤ 69 × 3 =   ⑥ 49 × 5 =

⑦ 79 × 6 =   ⑧ 99 × 3 =

⑨ 89 × 4 =   ⑩ 28 × 4 =

⑪ 48 × 6 =   ⑫ 67 × 6 =

5章 いよいよ、かけ算

2けた×2けたは必要なのか？

「英語圏では 12 の段まで暗唱させる」
「いや、インドでは 19 × 19 まで覚えさせている。そのおかげでインドは IT 大国になった」
「そうだ、だから日本の教育はダメなのだ」
　みたいな論調を耳にしたことはありませんか？
「インド式計算」なるものの実態は、いろんな本を読んでも正確にはよくわからないのですが、たし算・ひき算はどうやらスキル **けた分け** とスキル **おつり** と同じようです。どうやら「インド式」の極意は、「かけ算」（特に 2 けた× 2 けた）にあるようです。
　「2 けた× 2 けた」の基本形は次のように説明されています。

① 　十の位どうしと一の位どうしをかけて、その答えを下に書く。

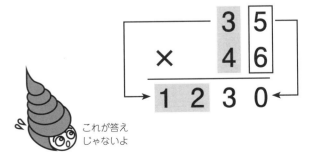

これが答えじゃないよ

② 十の位と一の位を「斜め」にかけて、その答えを下に書く（書く位置に注意！）

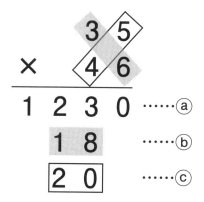

③ ⓐ～ⓒをすべてたす。

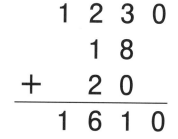

18と20の位置はそのまま

これで「35 × 46 = 1610」を求めることができる！　というのですが、読者の皆さんはわかりましたか？

「なぜこれで答えが求められるのか」は、中学で学ぶ「乗法公式」を利用すれば説明できます。

(10 × a + b) × (10 × c + d)
= 100 × a × c + b × d + 10 × a × d + 10 × b × c
具体的な数字をあてはめると、
　　(10 × 3 + 5) × (10 × 4 + 6)
= 100 × 3 × 4 + 5 × 6 + 10 × 3 × 6 + 10 × 5 × 4
ということです。

「お〜っ、すごい〜！」と思われた方は、どんどん使ってください。ただ、私自身はこういう公式は使いませんし、小学生には積極的に教えようとは思いません。

　乗法公式は、読者の方はいざ知らず、小学生にはなじみのないものですし、「2けた×1けた」との関連性がないので理解できません。

「インド式」では、この他にいくつかの「ウラ技」的なかけ算の方法が使われるようです。
　たとえば、2けた×2けたの計算で、
　十の位が同じで、一の位の合計が10になる場合、たとえば「26 × 24」なら、
　　26 × 24 = 20 × 30 + 6 × 4 = 624
という計算方法があります。これも乗法公式で証明できます。
　この公式は、他の「計算本」でも紹介されていますが、私は……やっぱり使わないし、教えないと思います。

なぜならば、「汎用性が低い」からです。

10×10〜99×99までの**8100通りのかけ算のなかで、この公式があてはまるのはたったの90通りだけ**です。率にして1%ほどの特殊な例です。

他にも「乗法公式」を利用したかけ算の「ウラ技」がありますが、かけ算のパターンごとに個別の「ウラ技」を覚えて、「えっ〜と、この場合のウラ技はどれだっけ……？」と思い出すのは、私にはムダな労力のように思えます。

結論です。**私は乗法公式を使った2けた×2けたの暗算技は教えません。**自分でも使いません。
「はじめに」でも述べたように、本書で扱う暗算術は、基本的に以下の2つの原則に限定しています。
① **図でイメージできる**（公式を覚えなくてもいい）
② **汎用性が高い**（いろいろなケースに適用できる）

もちろん、これは私の「流儀」であって、他の計算法が間違っていると決めつけるつもりはありません。もし「インド式」を使って、読者の皆さんの計算力が伸びるということがわかったら、私もその手法を指導に役立てたいと思っています。以下では、上の①と②にかなう2けた×2けた、3けた×3けた、小数×小数のかけ算スキルをみていきます。

11×11〜19×19を「かたまり」でとらえる

スキル… けた分け + こうじゅん

【13 × 12】のような計算

19 × 19 までの計算は、もし余裕があったら、練習しておいてソンはありません。まずは繰り上がりのない「13 × 12」あたりから練習してみましょう。

「団子図」で表すと、13 × 12 は「1人あたり 13 個× 12 人分」なので、下図のようになります。

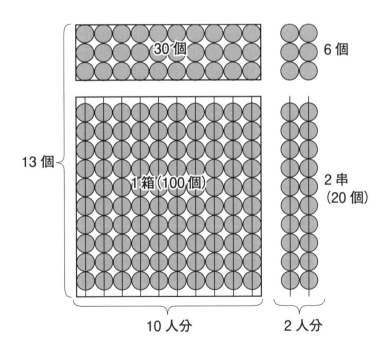

（a ＋ b）×（c ＋ d）の乗法公式は小学生（および文系一般人の方）にはハードルが高いかもしれませんが、

　（a ＋ b）× c ＝ a × c ＋ b × c

ならば、すでにスキル けた分け でたし算のときに使っています。したがって、「12 人分」を「10 人分」（十の位）と「2 人分」（一の位）にけた分けして、

13 × 12 ＝ 13 ×（10 ＋ 2）
　　　　＝ 13 × 10 ＋ 13 × 2

と計算します。

13 × 10 は問題ないでしょうし、13 × 2 もすでに練習ずみですね。つまり、

13 × 12 ＝ 130 ＋ 26 ＝ 156

が正解です。

「超」計算トレーニング 29

① $14 \times 12 =$　　② $8 \times 13 =$

③ $15 \times 13 =$　　④ $11 \times 19 =$

⑤ $13 \times 19 =$　　⑥ $12 \times 18 =$

⑦ $18 \times 14 =$　　⑧ $16 \times 13 =$

⑨ $17 \times 17 =$　　⑩ $17 \times 14 =$

⑪ $13 \times 17 =$　　⑫ $15 \times 18 =$

「けた分け」ダブル

スキル… けた分け + こうじゅん

「13 × 12」の団子図を、4つの長方形のかたまりと考えることもできます。

1人分の団子を、13 = 10 + 3

人数を、12 = 10 + 2

と分解しているので、いわば「けた分けダブル」です。

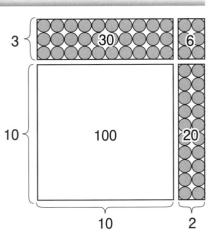

この図で「30」が串3本、「20」が串2本であることを利用すると、図がもっと簡略化できます（下図）。

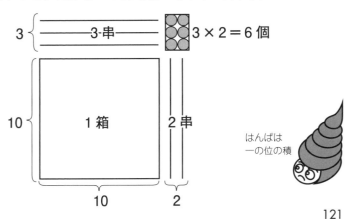

はんぱは
一の位の積

19 × 19 までの範囲なら、「箱」はつねに1箱だけですし、串の本数は「それぞれの一の位の和」、「はんぱ」は「一の位の積」ですから、

$$\boxed{1\blacksquare} \times \boxed{1\blacktriangle} = 1 箱 + (\blacksquare + \blacktriangle) 串 + (\blacksquare \times \blacktriangle) 個$$
　　　　　（ただし、1箱は100個、1串は10個）
というように「公式化」することもできます。

【12 × 19】のような計算

$$12 \times 19 = 100 + 10 \times (2 + 9) + 2 \times 9$$
$$= 100 + 110 + 18 = 228$$

となります。

　結局これは
　　$(a + b) \times (a + c) = a \times a + a \times (b + c) + b \times c$
という乗法公式なので、「すごく便利」と感じるかどうかは使い手によるでしょう。小学生にこの団子図を教えると、「おお〜っ」という反応が返ってきますが、1週間もすると忘れていたりします。

　読者の皆さんは大丈夫でしょうが……。

　計算の「公式」として利用するかどうかは別として、「団子図」による図解は拡張性があるものなので、覚えておいてソンはないでしょう。中学で乗法公式を教えるときにも右のような図を使うからです。

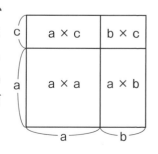

「けた分け(−)」でかけ算をする

スキル… けた分け(−) + おつり

【12 × 19】のような計算

これを計算するときは、

$$12 \times 19 = 12 \times (10 + 9)$$
$$= 12 \times 10 + 12 \times 9$$

というように「けた分け」すると、「12×9」の暗算をしなければなりません。したがってこの場合は、12のほうを「けた分け」して、

$$12 \times 19 = (10 + 2) \times 19$$
$$= 10 \times 19 + 2 \times 19$$

というように計算したほうが（少し）ラクになります。

しかし、ここでスキル おつり を使って「19 = 20 − 1」と考えると、

$$12 \times 19 = 12 \times (20 - 1)$$
$$= 12 \times 20 - 12 \times 1$$
$$= 240 - 12 = 228$$

となります。暗算で求めるなら、これがいちばんやりやすいでしょう。

「超」計算トレーニング 30

① 45 × 21 =   ② 18 × 31 =

③ 42 × 19 =   ④ 33 × 39 =

⑤ 51 × 34 =   ⑥ 31 × 16 =

⑦ 29 × 44 =   ⑧ 49 × 17 =

⑨ 46 × 22 =   ⑩ 35 × 33 =

⑪ 34 × 28 =   ⑫ 66 × 47 =

これだけは覚えておいてもソンはない

スキル… ヘイ！ホーサ

♪ ヘイ、平方差 和と差の〜積さ
　ヘイ、ヘイホーサ、2乗の差だよ〜

　もちろんこんな歌はありませんが、読者の皆さんが中学校で乗法公式や因数分解を学んだときに、**「和と差の積は平方（2乗）の差」**って、覚えませんでしたか？
　そう、

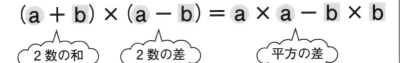

というヤツです。
　ちなみに「平方」とは同じ数を2回かけあわせること（これを「2乗」ともいう）です。$30 \times 30 = 30^2$ と書くこともできます。

たとえば、27と33は
$33 = 30 + 3$
$27 = 30 - 3$
ということ。
もちろん、
$(a - b) \times (a + b)$
でも同じ。

【33 × 27】のような計算

これを使うと、33 × 27 は、

$$33 \times 27 = (30 + 3) \times (30 - 3)$$
$$= 30 \times 30 - 3 \times 3 = 891$$

となり、一発で求めることができます。

この公式が便利に使えるのは、
「30 とか 100 のように平方の計算がしやすいキリのよい数から、同じだけ離れた 2 つの数のかけ算」です。

小数にも威力を発揮します。

$\underline{19 \times 21}$ 〔ともに 20 から 1 離れた数〕
$= (20 - 1) \times (20 + 1)$
$= 20 \times 20 - 1 \times 1 = 399$

$\underline{10.1 \times 9.9}$ 〔ともに 10 から 0.1 離れた数〕
$= (10 + 0.1) \times (10 - 0.1)$
$= 10 \times 10 - 0.1 \times 0.1 = 99.99$

「超」計算トレーニング 31

① $31 \times 29 =$ ② $44 \times 36 =$

③ $58 \times 62 =$ ④ $77 \times 83 =$

⑤ $98 \times 102 =$ ⑥ $105 \times 95 =$

⑦ $201 \times 199 =$ ⑧ $305 \times 295 =$

⑨ $10.2 \times 9.8 =$ ⑩ $19.8 \times 20.2 =$

⑪ $9.6 \times 10.4 =$ ⑫ $30.3 \times 29.7 =$

5章 いよいよ、かけ算

「平方数」を暗算しよう

スキル… ヘイ！ホーサ

なぜ乗法公式のなかで「平方差」だけは使うのかというと、「公式の形がシンプル」であり、同時に「計算がものすごくラクになる」からです。しかしもう1つ。少なくとも中学受験において、非常に頻繁に登場する「平方数」（9 ＝ 3 × 3 とか、121 ＝ 11 × 11 のように同じ数をかけたもの）を、2けた（99 × 99）までは確実に暗算でできる方法につながるからなのです。

【29 × 29】のような計算

たとえば、29 × 29 という計算をしてみましょう。

29 は 30 から 1 離れているので、片方を＋1、もう片方を－1 すると、30 × 28 になります。これなら「2けた×1けた」で計算できますね。

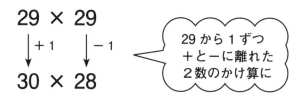

29 から 1 ずつ
＋と－に離れた
2数のかけ算に

ここで、前ページで説明した「平方差」の公式を利用します。

$$30 × 28 = (29 + 1) × (29 - 1) = 29 × 29 - 1 × 1$$

この式を変形すると、

29 × 29 = 30 × 28 + 1 × 1

となることがおわかりでしょうか。したがって、

29 × 29 = 30 × 28 + 1 × 1 = 841

というように「平方数」を求めることができます。

29 × 29 = 841
↓+1　↓−1　↑+1×1
30 × 28 = 840

最後に「1×1」をたす

97 × 97 なら、「+ 3 と − 3」で、「100 × 94」として、最後に「+ 3 × 3」をします。

97 × 97 = 100 × 94 + 3 × 3 = 9409

【85 × 85】のような計算

一の位が5の数の平方数は、特に計算がラクです。

85 × 85 = 90 × 80 + 5 × 5
　　　　 = 7225

日常生活において、平方数の暗算が必要かどうかはビミョーですが、乗法公式の嫌いな私でも、この計算は愛用していますし、中学受験生にはこっそり教えたりしています。

「超」計算トレーニング 32

① $19 \times 19 =$ ② $44 \times 44 =$

③ $33 \times 33 =$ ④ $77 \times 77 =$

⑤ $12 \times 12 =$ ⑥ $95 \times 95 =$

⑦ $21 \times 21 =$ ⑧ $45 \times 45 =$

⑨ $56 \times 56 =$ ⑩ $18 \times 18 =$

⑪ $63 \times 63 =$ ⑫ $82 \times 82 =$

6章

もっと、かけ算

式の変形で
暗算可能範囲を広げる

》》かけ算の式を「変形」しよう《《

　5章は「かけ算の基本トレーニング」であり、まずかけ算を「かたまり」としてとらえた上で、「2けた×1けた」を「けた分け＋こうじゅん」で暗算することが目標でした。

　この章では、3数以上のかけ算や、大きな数・小さな数（小数）の混じったかけ算を、式の変形によって、かんたんな形に変えるスキルを説明します。

　基本原則は「交換法則」と「分配法則」の2つだけですから、難しい公式を覚える必要はありません。

　ただし、式を変形したあとの計算で「2けた×1けた」の暗算が必要になるケースが多いので、本章を読む前にしっかりと5章の「超」計算トレーニングをしておいてください。

「2けた×2けた」を「2けた×1けた」に変形
スキル…アップ・ダウン

かけ算の答えを、

　たて（1人分）×よこ（人数）＝長方形のかたまり（個数）

としてとらえておけば、次のような式の変形は難しいものではありません。2つの数をかけるとき、片方を2倍して、もう片方を半分にすれば、全体の個数は同じです。

（1人8個）　（1人4個）　（1人2個）

$$8 \times 3 = 4 \times 6 = 2 \times 12$$

（3人）　　（6人）　　（12人）

【27 × 12】のような計算

スキル アップ・ダウン により、「2けた×2けた」を「2けた×1けた」に変形します。

（左×2）（右÷2）

$$27 \times 12 = 54 \times 6 = 324$$

⇧×2　⇩÷2

「×1けた」に変形できるのは「×12」「×14」「×16」「×18」の場合だけですが、けっこうよく使うスキルです。

「超」計算トレーニング 33

① $32 \times 12 =$ ② $44 \times 14 =$

③ $12 \times 52 =$ ④ $25 \times 16 =$

⑤ $18 \times 19 =$ ⑥ $15 \times 14 =$

⑦ $16 \times 71 =$ ⑧ $37 \times 12 =$

⑨ $43 \times 18 =$ ⑩ $53 \times 16 =$

⑪ $14 \times 17 =$ ⑫ $12 \times 104 =$

「偶数×□5」なら、計算の手間も半減

スキル… アップ・ダウン

【14 × 45】のような計算

特に、片方の一の位が5で、もう片方が「偶数」の場合は、このスキル アップ・ダウン が見事にハマります。

```
 左÷2   右×2
14 × 45 = 7 × 90 = 630
  ÷2    ×2
```

【264 × 5】のような計算

この形なら、3けたのかけ算でもカンタンです。

```
 左÷2   右×2
264 × 5 = 132 × 10 = 1320
  ÷2    ×2
```

```
 左÷2   右×2
248 × 15 = 124 × 30 = 3720
  ÷2    ×2
```

「2でわる」(半分にする)という計算は、暗算の苦手な小学生でも、比較的容易に計算できるので、一の位が5と偶数のかけ算の場合は、どんどんスキルを使ってみてください。

「超」計算トレーニング 34

① $184 \times 5 =$ ② $462 \times 5 =$

③ $102 \times 5 =$ ④ $256 \times 5 =$

⑤ $182 \times 15 =$ ⑥ $232 \times 15 =$

⑦ $164 \times 15 =$ ⑧ $138 \times 25 =$

⑨ $25 \times 716 =$ ⑩ $5 \times 416 =$

⑪ $15 \times 318 =$ ⑫ $15 \times 104 =$

3数以上のかけ算は「10」をつくる

スキル… ぶんかい + 1アップ

前項の「14 × 45」の計算は、次のように変形することもできます。

$$14 \times 45 = (7 \times \boxed{2}) \times (9 \times \boxed{5})$$
（ぶんかい）　　　（ぶんかい）

$$= 7 \times 9 \times \boxed{2} \times \boxed{5}$$
$$= 63 \times \boxed{10}$$
（1アップ）
$$= 630$$

14 = 7 × 2、45 = 9 × 5 というように、かけ算の形に ぶんかい すると、「5」と「2」が出てきます（65ページ参照）。**この「5」と「2」こそが、暗算スキル界の最強ペア**。「2 × 5 = 10」なので、あとは残りの数字をかけた答えを「1アップ」（10倍する → 1けた上げる）するだけです。

これを、スキル 1アップ と呼ぶことにします。

【8 × 7 × 15】のような計算

2数のかけ算なら前項のスキル アップ・ダウン だけで十分なのですが、3個以上の場合は、「5」と「2」をみつけ出せるチームを探しましょう。

たとえば次の計算。スキル ぶんかい で「2」と「5」が出るようにして、1アップ をつくると一発で答えです！

$$8 \times 7 \times 15 = 4 \times 3 \times 7 \times 10$$
$$= 84 \times 10$$
$$= 840$$

8の下に「4×2」ぶんかい、15の下に「3×5」ぶんかい、10に「1アップ」

5と2を探せ！

「超」計算トレーニング 35

① 42 × 15 =

② 64 × 15 =

③ 14 × 25 =

④ 25 × 38 =

⑤ 82 × 35 =

⑥ 45 × 56 =

⑦ 35 × 42 =

⑧ 18 × 45 =

⑨ 6 × 9 × 15 =

⑩ 12 × 7 × 25 =

⑪ 8 × 5 × 17 =

⑫ 3 × 18 × 15 =

「チーム・2アップ」をみつけよう

スキル… ぶんかい + 2アップ

【4 × 7 × 25 × 3】のような計算

「チーム・1アップ」よりもっと強力なチームもあります。この式のなかで「4」と「25」に注目します。

4 × 25 = 100 ですから、**「4」と「25」をチームにすると、「2アップ」（100倍）になるのです。** スキル 2アップ です。

$$4 \times 7 \times 25 \times 3$$
$$= 7 \times 3 \times 100 = 2100$$

【6 × 9 × 2 × 25】のような計算

ここには「4」がありません。しかし次のように ぶんかい すると「2」がみつかり、スキル 2アップ が発動します。

$$6 \times 9 \times 2 \times 25$$
$$2 \times 3$$
$$= 3 \times 9 \times 100 = 2700$$

さらに、25の倍数（ぶんかいしたとき「25」が出てくる数）、たとえば75（25 × 3）や175（25 × 7）を覚えておくと、このスキル 2アップ を活用する場面が増えてきます。

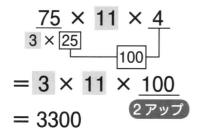

$= 3 × 11 × \underline{100}$
$= 3300$

みつけてうれしい
1アップ！
もっとうれしい
2アップ！

「超」計算トレーニング 36

① $16 \times 25 \times 3 =$ 　　② $33 \times 25 \times 12 =$

③ $4 \times 3 \times 15 \times 5 =$

④ $6 \times 20 \times 17 \times 5 =$

⑤ $75 \times 16 =$ 　　⑥ $28 \times 75 =$

⑦ $75 \times 6 \times 2 =$ 　　⑧ $125 \times 28 =$

⑨ $125 \times 8 \times 7 =$ 　　⑩ $28 \times 175 =$

ヒント 「3アップ」をみつけよう

スキル… ぶんかい ＋ 3アップ

さらに強力なのは、「125」と「8」の組み合わせです。

$8 \times 125 = 1000$ ですから、**125 や 125 の倍数**があったら「3アップ」（1000倍）にしましょう。

$$8 \times 17 \times 125 = 17 \times 1000 = 17000$$

（8×125＝1000、3アップ）

$$24 \times 7 \times 375 = 3 \times 7 \times 3 \times 1000 = 63000$$

（24＝8×3、375＝3×125、8×125＝1000、3アップ）

このあと、かけ算とわり算の混合や、小数・分数の混じったかけ算を扱うとき、25 の倍数と 125 の倍数を覚えておくと、非常に計算がラクになります。

	見分け方	例
5 の倍数	一の位が 5	5、15、35、45 など
25 の倍数	下 2 けたが 25・50・75	25、75、150、175 など
125 の倍数	下 3 けたが 125・375・625・875	左の 4 つを覚えておけば十分

同じ数のかけ算は「おまとめ」しよう
スキル…おまとめ

コンビニなどで買い物をするとき、「お荷物、おまとめしましょうか？」と尋ねられたことはありませんか？

やたらと「お」をつけたていねい語は、個人的にはあまりいい気持ちがしません。「1つの袋にまとめましょうか？」のほうが、よほど自然で、ていねいな感じがします。

【79 × 7 + 79 × 3】のような計算

でも、このような計算は、なんとなく「おまとめ」したくなりませんか？

$$79 × 7 + 79 × 3 = 79 × (7 + 3) = 790$$

これを「**分配法則**」の「**逆**」といいます。数学的にあらわすと、

　　a ×（b + c）= a × b + a × c　が分配法則、
　　a × b + a × c = a ×（b + c）が分配法則の逆です。

複数個の円の面積の和を求めるときには、

　　3.14 × 9 + 3.14 × 16 + 3.14 × 25
　= 3.14 ×（9 + 16 + 25）= 3.14 × 50 = 157

というような計算がよく登場します。

かなり使用頻度の高いスキル おまとめ です。

「超」計算トレーニング 37

① $42 \times 4 + 42 \times 6 =$

② $56 \times 2 + 56 \times 8 =$

③ $31 \times 3 + 31 \times 5 + 31 \times 2 =$

④ $41 \times 8 + 41 \times 5 + 41 \times 7 =$

⑤ $68 \times 21 + 68 \times 16 + 68 \times 13 =$

⑥ $1.19 \times 37 + 1.19 \times 63 =$

⑦ $2.6 \times 128 + 2.6 \times 72 =$

⑧ $3.14 \times 20 + 3.14 \times 30 + 3.14 \times 50 =$

⑨ $44 \times 13 + 44 \times 11 + 44 \times 9 + 44 \times 27 =$

⑩ $83 \times 26 + 83 \times 9 + 83 \times 16 + 83 \times 39 =$

6章 もっと、かけ算

アップ・ダウンして「おまとめ」する

スキル… アップ・ダウン + おまとめ

【19 × 270 + 190 × 23】のような計算

同じ数のかけ算でなくても、スキル おまとめ を利用できる場合があります。

左×10 右÷10

$$19 \times 270 + 190 \times 23$$
↑×10　　↓÷10

$$= 190 \times 27 + 190 \times 23$$
1アップ　1ダウン

$$= 190 \times 50$$

$$= 9500$$

片方を× 10（1アップ）して、もう片方を÷ 10（1ダウン）しても、答えは変わらないので、無理やり式を変形して「× 190」でおまとめするわけです（19 × 270 + 19 × 230 としてもよい）。

少しレベルは上がりますが、こんな活用法もあります。

　　　　左÷2　　右×2
　　　26 × 22 ＋ 13 × 56
　　　　　↓÷2　　↑×2

＝ 13 × 44 ＋ 13 × 56
＝ 13 × 100
＝ 1300

「26 ＝ 13 × 2」が頭に浮かべば、こうした計算スキルを発動することができます。「2けた×1けた」の暗算に慣れることで計算スキルの発動範囲が拡大する、よい例だと思います。

計算スキルの
発動範囲拡大！

「超」計算トレーニング 38

① $18 \times 320 + 180 \times 28 =$

② $25 \times 330 + 67 \times 250 =$

③ $12 \times 270 - 120 \times 13 =$

④ $750 \times 14 + 160 \times 75 =$

⑤ $4 \times 17 + 2 \times 26 =$

⑥ $16 \times 76 - 8 \times 48 =$

⑦ $13 \times 153 - 11 \times 39 =$

⑧ $123 \times 14 + 41 \times 38 =$

⑨ $1.3 \times 32 + 13 \times 2.8 =$

⑩ $1.23 \times 15 + 123 \times 0.85 =$

7章

最後に、わり算

「けた」の上げ下げで
計算しやすい形をつくる

わり算嫌いを少しでも減らすために

　既存の計算術の本で、「わり算」と「小数がらみの計算」はともに、かわいそうな「日陰者」の扱いを受けています。

　それは、わり算と小数の計算を「カッコよく」解くためのスキルがほとんど存在しないからです。

「わり算は分数のかけ算に直す」
「小数は分数に直して計算する」（ただし、かけ算とわり算に限定）

　この2つが「オトナのための計算術」の基本原則であり、本書でも8章で説明します。

　しかし本書は「小学生や小学生の保護者」にも読んでいただきたいので、「計算力調査」で正答率最下位であるわり算について、「そんなの分数でやればいいじゃん」とはいえません（学習指導要領では分数のかけ算は小学6年生にならないと学習しません）。

　また小数の計算の正答率も驚くほど低く、「13 − 1.8」の計算の正答率は小学3年生で50％未満、「小数÷小数であまりの出る計算」にいたっては、小学5年生で30％前後にとどまっています。

　本書では、わり算の筆算のやり方を一から説明することは

しません。わり算の筆算は他書や学校の教科書の説明にゆずることにします。

　正直に申し上げると、残念ながら、「小数÷小数」の正答率を劇的に上げる「奇跡のスキル」なんて（たぶん）ありません。あったら算数教育の専門家がとっくに採用しているはずです。

　ここでは、「スキル」を活用できそうな問題に限定して、読者の中に少なからずいるであろう「わり算嫌い」を少しでも減らす試みをしてみようと思います。

わり算嫌い
飛んでけー

わり算はかけ算の逆算

スキル… **ぶんかい**

　かけ算を「かたまり」として理解することが、「÷1けた」のわり算の基本となります。

　たとえば、24個の団子を2列に並べる、3列に並べる……という操作をすることによって、

24 ÷ 3 = ☐ → 24 = 3 × ☐
24 ÷ 4 = ☐ → 24 = 4 × ☐

の答えをみつけてもらいます。割り切れない場合でも、「九九」の範囲内であれば、小学3年生の大半が理解できます。

24 ÷ 5 = 4 あまり 4

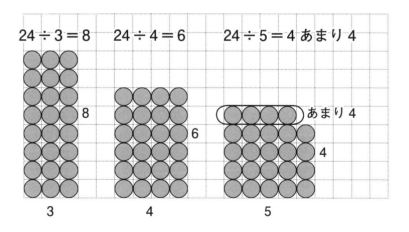

ふだんから、

$36 = 2 \times 18 = 3 \times 12 = 4 \times 9 = 6 \times 6$

というように、スキル ぶんかい （積分解、65ページ参照）を使うトレーニングをしておくと、本書では扱わない分数のたし算・ひき算（通分）をするときにもラクになります。

九九に登場する積はもちろんのこと、108ページの表をみて、2けた×1けたのかけ算や、その逆の「ぶんかい」の練習をしておくとよいでしょう。

「ぶんかい」の
トレーニングを
しよう

「超」計算トレーニング 39

① 12 ÷ 6 =   ② 14 ÷ 7 =

③ 27 ÷ 3 =   ④ 30 ÷ 7 =

⑤ 26 ÷ 5 =   ⑥ 32 ÷ 8 =

⑦ 28 ÷ 7 =   ⑧ 36 ÷ 7 =

⑨ 42 ÷ 6 =   ⑩ 45 ÷ 8 =

⑪ 54 ÷ 9 =   ⑫ 63 ÷ 8 =

わり算はもともと上から計算する

スキル… こうじゅん

しかし商（わり算の答え）が2けたになると、途端に理解度が下がります。

ここでは「団子図」を使って説明していきますが、初めてわり算の筆算を習う小学3年生が「おお〜っ」と感動するほど、オリジナリティのある説明ではありませんので、あらかじめご容赦ください。

78 ÷ 3 の計算であれば、串7本（70個）と団子8個を3人で分ける場合を考えます。
① まず串を2本ずつ配る（3 × 2 = 6 の計算）
② 7本のうち6本を配ったから1本あまる（7 − 6 = 1 の計算）
③ あまった1本を串から外してばらばらにすると、団子は18個になる（10 + 8 = 18 の計算）
④ 18個を3人で分けると6個ずつ（3 × 6 = 18 の計算）
⑤ 18 − 18 = 0 だから、あまりはなし

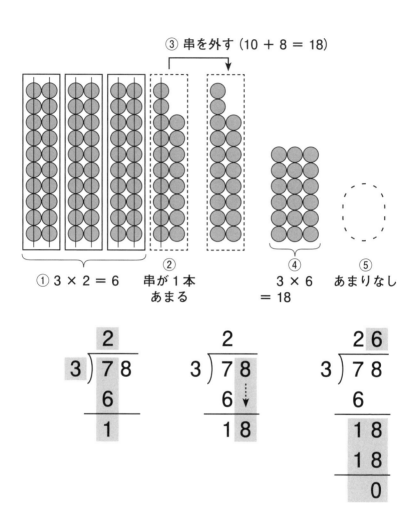

　このように、わり算の筆算はそれ自体が「面倒くさい」ものですが、とりわけ、
　① 上から計算することに慣れていない（わり算だけは、筆算指導でも必ず上の位からやります）

② 2けた×1けたの暗算練習をしていない

ことが、わり算の理解をさらに困難にしているように思われます。

$19 \times 3 = 10 \times 3 + 9 \times 3 = 30 + 27 = 57$

という暗算ができる子は、「57 ÷ 3」の計算も、

「57から30をひいて、残りは27 ÷ 3 = 9だから、答えは19」

と、頭のなかで計算できるようになります。

「÷2けた」になると、「2けた×1けた」のスキルレベルによって、理解度が格段に異なってきます。

たとえば「79 ÷ 17」の計算をするとき、「$17 \times 4 = 68$、$17 \times 5 = 85$ だから、答えは4と5の間」という**「答えのみつもり」**ができない子は、いつまでたっても「商」を立てることすらできません。

私が「2けた×2けた」の練習に労力を割く必要はないと強弁したのは、整数のわり算において「商を立てる」上では、「2けた×2けた」はまったく必要ないからです。

本節の練習問題を解く前に、必ず108ページの「2けた×1けた」の練習をやり直しておいてください。

「11×1〜19×9」をマスターしておくだけでも、「わり算、いけるじゃん」という手応えが感じられるはずです。

「超」計算トレーニング 40

① 48 ÷ 3 =

② 84 ÷ 7 =

③ 96 ÷ 4 =

④ 87 ÷ 3 =

⑤ 74 ÷ 5 =

⑥ 68 ÷ 3 =

⑦ 74 ÷ 4 =

⑧ 76 ÷ 6 =

⑨ 52 ÷ 13 =

⑩ 68 ÷ 17 =

⑪ 76 ÷ 14 =

⑫ 89 ÷ 13 =

「わられる数」と「わる数」に同じ数をかける

スキル… アップ・アップ　ダウン・ダウン　1ダウン

「よ〜し、じゃあ、きょうは特別に、お団子の数を2倍にしちゃおう！」
「やった〜」
「ついでに、お団子を分ける人数も2倍にしちゃうぞ！」
「え〜っ。じゃあ、おんなじじゃん……」

　かけ算の場合は「片方を2倍して、もう片方を半分にすれば、答えは同じ」（スキル アップ・ダウン ）でしたが、わり算の場合は「わられる数とわる数の両方を2倍する（または半分にする）」ことで、計算を簡単にすることができます。

【525 ÷ 15】のような計算

「わられる数」と「わる数」に同じ数をかけても（わっても）、答えは同じです。

　525と15を2倍するとそれぞれ1050と30という「わりやすい数」になります。これをスキル アップ・アップ と呼びます。

$$525 \div 15 = 1050 \div 30$$

左×2　右×2
↑×2　↑×2
アップ・アップ

すると両方とも一の位が0になるので、両方とも 1ダウン で計算できます（なお1アップが「1けた上げる」でしたから、1ダウンは「1けた下げる」です）。

左÷10　右÷10
1050 ÷ 30 = 105 ÷ 3 = 35
　↓÷10　　↓÷10　　1ダウン　1ダウン

「2倍する」という計算は「5でわる」計算よりずっと暗算しやすいので、次のように答えが小数になる計算でもどんどん使いましょう。

472 ÷ 5 = 944 ÷ 10 = 94.4
　↑×2　　↑×2

数を大きくするより小さくしたほうが基本的には計算がしやすくなるので、アップ・アップ より ダウン・ダウン を使うケースが多いでしょう（あとで登場する小数のわり算では アップ・アップ を多用します）。

「0」がたくさんついている計算は、同じ個数ずつ「0」をとって計算します。

左÷1000　右÷1000

420000 ÷ 7000 ＝ 420 ÷ 7 ＝ 60
　⬇÷1000　　⬇÷1000　3ダウン　3ダウン

同じ個数ずつ
「0」をとる

「超」計算トレーニング 41

① 710 ÷ 5 =

② 575 ÷ 5 =

③ 1245 ÷ 5 =

④ 3225 ÷ 5 =

⑤ 405 ÷ 15 =

⑥ 1020 ÷ 15 =

⑦ 225 ÷ 25 =

⑧ 925 ÷ 25 =

⑨ 870 ÷ 30 =

⑩ 840 ÷ 35 =

⑪ 12400 ÷ 400 =

⑫ 738000 ÷ 6000 =

「÷小数」も全部整数で計算する

スキル… アップ・アップ

ここまで、小数の計算はスキル おつり のところで少し言及しただけでした。小数のたし算・ひき算・かけ算は「小数点の位置をそろえる」ことにさえ注意すれば、基本的に整数の計算と同じだからです。

しかし「÷小数」のわり算は急にハードルが高くなります。

【21 ÷ 0.3】のような計算

「÷小数」は「わる数」（÷のあとの数）が整数になるように、両方を アップ・アップ します。

「わる数」が小数第1位までの場合は 1アップ 、小数第2位なら 2アップ すれば、「÷整数」になります。

左×10　右×10
$$21 ÷ 0.3 = 210 ÷ 3 = 70$$
⇧×10　⇧×10　1アップ　1アップ

左×100　右×100
$$29.9 ÷ 0.13 = 2990 ÷ 13 = 230$$
⇧×100　⇧×100　2アップ　2アップ

「超」計算トレーニング 42

① 24 ÷ 0.4 =

② 95 ÷ 0.5 =

③ 624 ÷ 0.6 =

④ 21.6 ÷ 0.8 =

⑤ 23.7 ÷ 0.3 =

⑥ 16.66 ÷ 0.07 =

⑦ 14.4 ÷ 0.12 =

⑧ 525 ÷ 0.25 =

⑨ 47.7 ÷ 0.03 =

⑩ 2.07 ÷ 0.09 =

⑪ 86 ÷ 4.3 =

⑫ 6.4 ÷ 1.6 =

「÷小数」で「あまり」が出る場合

スキル… アップ・アップ ＋ あまりダウン補正

7章　最後に、わり算

「計算力調査」の結果で、もっと正答率が低かったのが、小学5年生で学習する「÷小数で、あまりの出る計算」でした。同じく5年生で学習する「異分母の分数のたし算・ひき算」は「通分」が必要なので、かなり正答率が低いかと思いきや、65〜80％程度。それに対して「÷小数で、あまりが出る計算」は30％未満です。かつて『分数ができない大学生』という本がベストセラーになりましたが、間違いなく**「分数」より「÷小数」のほうが手ごわい**はずです。

【1.28 ÷ 0.17】のような計算

「商は整数の範囲まで求めて、あまりも出しなさい」とします。

　さて、このわり算を小学校ではどう教えるのでしょうか。ここは暗算ではなく、筆算の話です。

　基本はスキル アップ・アップ と同じで、「わる数」が整数になるまで、小数点を移動し、「÷整数」の計算をさせます。「あまりが出る」ということは、答えがわり切れないのですから、それぞれの問題において「商は整数の範囲で」とか「小数第1位まで求めて、あまりを出せ」という指示がつきます。

　ここまではなんとか辿り着くのですが、問題はそのあとです。指示された範囲まで商を求めたとき、最後に残った「あ

まり」は、「小数点を、元のわられる数の小数点の位置に戻して答える」のです。

ふつうの筆算のしかたでは次のようになります。

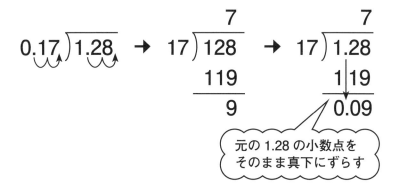

そもそも「小数点の位置に戻す」という説明がわかりにくいのであって、「わられる数とわる数のけたを両方アップする」と考え、最後に残ったあまりは「最初にアップした分だけ、『ダウン補正』して答える」と教えれば、計算ミスはぐんと減ります。これをスキル あまりダウン補正 と呼びます。

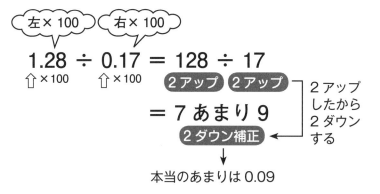

つまり正解は「7 あまり 0.09」となります。

「5 ÷ 1.3 で、商を小数第 1 位まで求めよ」という場合も、解き方は同じです。

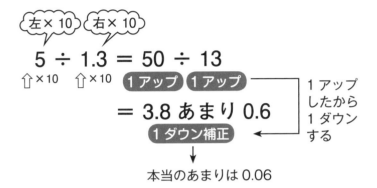

本当のあまりは 0.06

途中でアップしたら必ずダウンするよ

「超」計算トレーニング 43

商は整数の範囲まで求めて、あまりも出しなさい。

① 3.5 ÷ 0.4 =

② 9.5 ÷ 0.6 =

③ 35.3 ÷ 0.3 =

④ 5.9 ÷ 1.8 =

⑤ 4.61 ÷ 1.35 =

⑥ 2.68 ÷ 0.17 =

商を小数第1位まで求めなさい。

⑦ 8 ÷ 1.2 =

⑧ 73 ÷ 3.2 =

⑨ 6.9 ÷ 0.16 =

⑩ 14.7 ÷ 0.09 =

⑪ 12.8 ÷ 0.15 =

⑫ 169.9 ÷ 1.26 =

8章

3数以上の
かけ算・わり算

分数のかけ算に変形して
一気に計算する

全部、分数で計算しよう

　わり算の記号「÷」は、分数の横棒の上下に、分子と分母を「・」で表したものだといわれています。また、プログラミングの演算記号では「÷」のかわりに「/」（スラッシュ）が使われています。つまり、

$$12 \div 4 = 12/4 = \frac{12}{4}$$

なのです。
　したがって、わり算はすべて分数の形で表すことができます。

　7章では「わり算」の計算術を紹介しましたが、「あまりの出る計算」以外はすべて「分数のかけ算」として処理したほうが、計算はラクになります。
　特に3数以上のかけ算・わり算が混じっている場合は、すべて分数で計算するのが基本です。

分子 vs 分母の対戦を楽しもう

スキル… 母子バトル ＋ ダウン・ダウン

基本ルールは簡単です。
① 最初の数と「×」のあとの数は分子チーム、「÷」のあとの数は分母チームに所属する。
② 分子チームの1人と分母チームの1人を同じ数でわっても、答えは変わらない（スキル ダウン・ダウン ）。
③ ②の操作が終わったときに、分子・分母各チームの残っている数をかけあわせたものが答え。

【26 × 32 ÷ 64】のような計算

このような計算は、次のようにします。

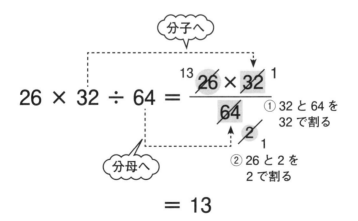

読者の皆さんにはカンタンすぎるでしょうが、塾の授業では、上が「分子」、下が「分母」なので、「子どもチーム vs ママチームのチームバトル」と呼び、
「子どもチーム代表32とママチーム代表64の激しいバトル、スタート！」
「おおっと、32わり切られてリタイア！　しかし64のダメージも大きい！　残りＨＰ（ヒットポイント）わずかに2‼」
「子どもチーム26、戦いの疲れのみえるママチームの2に襲いかかった‼」
などと、小学生が喜びそうな対戦型ゲーム風の話をして盛り上げたりします。

約分はバトルだ！

「超」計算トレーニング 44

① $42 \times 35 \div 15 =$

② $28 \times 18 \div 21 =$

③ $35 \div 15 \times 12 =$

④ $30 \times 21 \div 18 =$

⑤ $24 \div 16 \times 24 =$

⑥ $56 \times 15 \div 24 =$

⑦ $30 \div 15 \times 45 \div 18 =$

⑧ $18 \times 63 \div 14 \div 27 =$

⑨ $48 \div 16 \div 21 \times 49 =$

⑩ $42 \div 45 \times 30 \div 14 =$

約分できる「対戦相手」をみつけよう①

スキル… ごー・つー

　前項の例題ではいきなり「32と64のバトル」をしました。これは、ここまで読んでこられた読者であれば、「64 ÷ 32 = 2」という計算が頭のなかにひらめくだろうと思ったからであり、「どの数とどの数が約分することができるか」をみつけることができなければ、「対戦」はできません。
「何の倍数であるか」（何でわったらわり切ることができるか）をみつけることを**「倍数判定」**といいます。
　倍数判定のなかでいちばん簡単なのは「2の倍数」と「5の倍数」。これは「一の位」だけをみればわかります。

■ 下1けた（一の位）判定

> 2の倍数……一の位が2の倍数（2・4・6・8・0）
> 　　　　　であれば、その数は2の倍数
> 5の倍数……一の位が5の倍数（5・0）であれば、
> 　　　　　その数は5の倍数

■ 下2けた判定

> 4の倍数……下2けたが4でわり切れれば、その
> 　　　　　数は4の倍数

【例】332は「下2けたの32」が4でわり切れるので4の倍数

25 の倍数……下 2 けたが 25 でわり切れれば、その数は 25 の倍数

【例】325 は「下 2 けたの 25」が 25 でわり切れるので 25 の倍数

2 の倍数と 5 の倍数の発見は、「小数のかけ算」で驚異的な活躍をしますが、まずは整数で計算練習をしておきましょう。

【16 × 135 ÷ 75 × 35 ÷ 36】のような計算

$$16 \times 135 \div 75 \times 35 \div 36$$

$$= \frac{16 \times 135 \times \cancel{35}^{7}}{\underset{15}{\cancel{75}} \times 36}$$ ① 35 と 75 を 5 でわる

$$= \frac{16 \times \cancel{135}^{27} \times 7}{\underset{3}{\cancel{15}} \times 36}$$ ② 135 と 15 を 5 でわる

$$= \frac{\overset{4}{\cancel{16}} \times 27 \times 7}{3 \times \cancel{36}_{9}}$$ ③ 16 と 36 を 4 でわる

$$= \frac{4 \times \cancel{27} \times 7}{\cancel{3} \times \cancel{9}}$$ ④ 3 × 9 = 27 と 27 を約分する

$$= 28$$

8 章 3 数以上のかけ算・わり算

「対戦」の順番に決まりはありませんが、できるだけ大きい数で約分したほうがあとがラクになるので、ここでは「÷5」を先に処理していきます。

ちなみに「135 ÷ 5」はスキル アップ・アップ 以外にも、135 × 2 ÷ 10 = 27 と計算することもできます。

特定の
倍数をみつけよう

「超」計算トレーニング 45

① $72 × 25 ÷ 12 ÷ 15 =$

② $48 ÷ 30 × 45 ÷ 9 =$

③ $132 × 40 ÷ 15 ÷ 16 =$

④ $224 ÷ 12 ÷ 28 × 42 =$

⑤ $15 ÷ 11 × 220 ÷ 25 =$

⑥ $144 × 25 ÷ 20 ÷ 36 =$

⑦ $125 ÷ 15 × 18 ÷ 25 =$

⑧ $30 × 475 ÷ 19 ÷ 125 =$

⑨ $325 ÷ 52 ÷ 175 × 336 =$

⑩ $216 ÷ 225 × 48 ÷ 132 × 275 =$

約分できる「対戦相手」をみつけよう②

スキル… そうわ3 そうわ9

■ 3と9の倍数判定

3の倍数と9の倍数は、すべての「けた」の数字を合計して、その合計（総和）によって判定します。

> 3の倍数……「総和」が3の倍数であれば、その数は3の倍数
> 9の倍数……「総和」が9の倍数であれば、その数は9の倍数

【例】726の総和は「7 + 2 + 6 = 15」。15は3の倍数なので、726は3の倍数。

2916の総和は「2 + 9 + 1 + 6 = 18」。18は9の倍数なので、2916は9の倍数。

＊「総和」が2けた（以上）の場合は、答えが1けたになるまで「けたの合計」を求めてもよい。いまの場合なら、

2 + 9 + 1 + 6 = 18 → 1 + 8 = 9

となり、9の倍数。

どんどんたそう

「超」計算トレーニング 46

次の数のなかから、3の倍数と9の倍数をさがしなさい。

① 615

② 1125

③ 783

④ 747

⑤ 3387

⑥ 5112

⑦ 1277

⑧ 8424

⑨ 12988

⑩ 63045

⑪ 104946

⑫ 174737

約分できる「対戦相手」をみつけよう③

いままで述べてきた以外にも、次のような倍数判定があります。

■ 11 の倍数判定

> 1　一の位から 1 つおきに〇印をつけていく
> 2　〇印のついた数の合計と、残りの数の合計を求める
> 3　合計の差が 0 または 11 の倍数（11 とか 22）なら、その数は 11 の倍数

【例】4719 について考えます。
　「4⑦1⑨」→ 7 + 9 = 16, 4 + 1 = 5
　→ 16 − 5 = 11
　したがって、4719 は 11 の倍数。

まずは 3 けたの数について、すぐに 11 の倍数をみつけられるようにしましょう。3 けたなら、「百の位＋一の位」と「十の位」を比べるだけです。

たとえば「594」なら、5 + 4 − 9 = 0 なので、これは 11 の倍数です。

■ 7 の倍数判定

7 の倍数判定として比較的「有名」(?) なものに、次のような方法があります。

> 1 一の位から 3 けたずつに区切っていく
> 2 3 けたの数どうしの差が 7 の倍数なら 7 の倍数

【例】725452 について考えます。
725 | 452 → 725 − 452 = 273 で、273 は 7 の倍数
したがって、725452 は 7 の倍数。

これが使えるのは最低 4 けた以上の数ですし、そもそも 273 が 7 の倍数であることを暗算するのも面倒なので、実際にはほとんど使えないスキルです。**しかし、3 けたの数に限って、比較的カンタンな 7 の倍数判定**があります。

> 1 一の位だけを切り離し、十の位以上の数と一の位に分ける
> 2 「十の位以上の数」から一の位の 2 倍をひいた答えが 7 の倍数なら、元の数は 7 の倍数

【例】273 について考えます。
27 | 3 → 27 − 3 × 2 = 21 で、21 は 7 の倍数
したがって、273 は 7 の倍数。

4けた以上の場合は、この操作を繰り返さなければならないので確かに面倒ですが、実際に分数の約分で「ハードル」となるのは3けたの数ですし、7の倍数は9の倍数や11の倍数より（確率的に）たくさん出現しますから、覚えておいてソンはないはずです。

「超」計算トレーニング 47

次の数のなかから、7の倍数をさがしなさい。

① 329　　　② 169　　　③ 881

④ 742　　　⑤ 240　　　⑥ 462

次の数のなかから、11の倍数をさがしなさい。

⑦ 165　　　⑧ 463　　　⑨ 2310

⑩ 6830　　⑪ 13782　　⑫ 285824

大きな数を約分するコツ

スキル… そうわ3

「倍数判定」を使っても、何で約分すればよいのかわからない大きな数を約分するコツがあります。

$$\frac{51}{187}$$

という分数があるとします。この場合、分子と分母の両方をわり切れる数をさがすのではなく、とりあえず**片方だけわり切れる数**をさがします。

「51」が3の倍数なので（5 + 1 = 6 だから、スキル そうわ3 で3の倍数）、

$$\frac{51}{187} = \frac{3 \times 17}{187}$$

とします（実際に 3 × 17 という式を書く必要はありません。あくまで説明のためのメモメモです）。

この分数が約分できるとしたら、3か17以外はありえません。しかし「187」は 1 + 8 + 7 = 16 なので、スキル そうわ3 より、3の倍数ではありませんから、可能性があるのは17だけ。

そこでためしてみると、187 ÷ 17 = 11 となって見事に約分できます。つまり、

$$\frac{51}{187} = \frac{3 \times \cancel{17}^{1}}{\cancel{187}_{11}} = \frac{3}{11}$$

ということです。

「187」に注目して「1 + 7 = 8 と 8 の差が 0 なので 11 の倍数」（つまり 187 = 11 × 17）と気づくかもしれませんが、いずれにせよ、

分子・分母が大きな数のときは、どちらか片方をわり切れる数をさがす。

これが、約分必勝法その 1 です。

では次の分数はどうでしょうか。

$$\frac{289}{323}$$

2・3・5 はもちろん、7 でも 11 でもわり切れません。

こういうときは、**「分子と分母の差」** を求めます。この場合は、323 − 289 = 34 です。

分子と分母が同じ数 A でわり切れる、つまり「A の倍数」であるとき、分子と分母の差も A の倍数になります。いまの場合、34 = 2 × 17 なので、もし 289 と 323 の両方をわり切る数があるとしたら、2 か 17 以外はありえません。2 ではわり切れないので、17 でわってみると、

289 ÷ 17 = 17
323 ÷ 17 = 19

となります。したがって、

$$\frac{289}{323} = \frac{17}{19}$$

となります。

分子・分母をわり切れる数がみつからないときは、分子と分母の差をわり切れる数をさがす。

 これが約分必勝法その2です。もし「差」をわり切れる数がなければ、その分数は「約分できない」ということなのです。

わり切れないのは
スッキリしない
もんだ

「超」計算トレーニング 48

次の数を約分しなさい。

① $\dfrac{42}{980}$

② $\dfrac{87}{203}$

③ $\dfrac{98}{266}$

④ $\dfrac{144}{276}$

⑤ $\dfrac{108}{261}$

⑥ $\dfrac{154}{693}$

⑦ $\dfrac{195}{208}$

⑧ $\dfrac{198}{234}$

⑨ $\dfrac{437}{494}$

⑩ $\dfrac{3549}{4368}$

「おなじみの小数」を覚えておこう

スキル… 小→分

　小数を分数に直す作業をスキル 小→分 と呼び、そんなにタイヘンではありません。小数第 1 位までの数はすべて分母 10 で OK ですし、小数第 2 位までなら分母 100 です。

$$0.7 = \frac{7}{10} \quad 0.3 = \frac{3}{10} \quad 0.09 = \frac{9}{100}$$

　分母が 4 の分数と 8 の分数は非常に重要ですので、いちいち $0.25 = \frac{25}{100} = \frac{1}{4}$ というように約分しなくても、すぐにスキル 小→分 を使えるようにしておきましょう。

$$0.25 = \frac{1}{4} \quad 0.75 = \frac{3}{4}$$

$$0.125 = \frac{1}{8} \quad 0.375 = \frac{3}{8}$$

$$0.625 = \frac{5}{8} \quad 0.875 = \frac{7}{8}$$

　本書では分数のたし算・ひき算は扱いませんが（基本的に通分して計算するしかないので）、「$\frac{2}{3} + 0.75$」のような計算をするとき、すぐに「$0.75 = \frac{3}{4}$」と直せるかどうかで計算の速度と正確さに大きな差が生まれます。

「おなじみ」っぽい小数の扱い方

スキル… けた分け + アップ・ダウン

「25」「75」「125」「375」「625」「875」という数字の並びが出てきたら、上の位にヘンなオマケがついていても「おなじみ」のお友だちとして扱ってあげてください。たとえば、

$$1.75 = 1 + 0.75 = 1 + \frac{3}{4} = \frac{7}{4}$$

$$3.625 = 3 + 0.625 = 3 + \frac{5}{8} = \frac{29}{8}$$

という具合です。要するに「整数部分」と「小数点以下の部分」をスキル けた分け するのです。

次に、小数点の位置が少しズレている場合。
たとえば「0.025」は 0.25 の「1ダウン」なので、

$$0.025 = 0.25 \div 10 = \frac{1}{4} \times \frac{1}{10} = \frac{1}{40}$$

となります。
この2つを組み合わせると、

$$0.175 = 1.75 \div 10$$
$$= \frac{7}{4} \times \frac{1}{10} = \frac{7}{40}$$

$$0.2375 = 2.375 \div 10$$
$$= 2\frac{3}{8} \times \frac{1}{10}$$
$$= \frac{19}{8} \times \frac{1}{10} = \frac{19}{80}$$

という「コンボ技」も使えます。

合わせ技
一本！

「超」計算トレーニング 49

次の小数を分数に直しなさい。

① 1.25　　　　　② 7.25

③ 10.375　　　　④ 1.625

⑤ 4.875　　　　⑥ 1.125

⑦ 0.075　　　　⑧ 0.0375

⑨ 0.3125　　　⑩ 0.8875

⑪ 0.2625　　　⑫ 0.525

「×分数」と「÷分数」

スキル… 母子チェンジ + 母子バトル

分数のかけ算・わり算を小学生に理解させることはとても大切な仕事ですが、本書は大人向けに「計算法」を語る本なので、ごくシンプルに計算のしかただけ説明します。

3数以上のかけ算・わり算の場合、「かける数」は子どもチーム（分子）、「わる数」はママチーム（分母）でしたが、分数をかけるときは、**かける数の分子が子どもチーム、分母がママチーム**に加わります。つまり、

$$3 \times \frac{2}{5} = \frac{3 \times 2}{5}$$

$$\frac{2}{5} \times \frac{3}{8} = \frac{2 \times 3}{5 \times 8}$$

ということです。もちろん、

$$\frac{2 \times 3}{5 \times 8} = \frac{\overset{1}{\cancel{2}} \times 3}{5 \times \underset{4}{\cancel{8}}} = \frac{3}{20}$$

というように、スキル 母子バトル で約分することができます。

【$\frac{2}{5} \div \frac{2}{3}$】のような計算

次に分数のわり算ですが、「どうして分数でわるときは、分子と分母を逆にするの？」というのは、昔から変わらぬ「パパとママが苦しむ子どもの疑問」でしょう。しかし本書はあくまでも「計算術の本」なので、さらっと説明するにとどめます。

まず、「わられる数とわる数の両方に同じ数をかけても答えは同じ」であることは、すでに説明しました（スキル アップ・アップ）。「÷分数」の計算をするときは、わるほうの分数（この場合は $\frac{2}{3}$ ）の分子と分母を逆にした数（つまり $\frac{3}{2}$ ですが、これを $\frac{2}{3}$ の逆数といいます）を「わられる数」と「わる数」の両方にかけます。

$$\frac{2}{5} \div \frac{2}{3}$$

$$= (\frac{2}{5} \times \frac{3}{2}) \div (\frac{2}{3} \times \frac{3}{2})$$ → $\frac{2}{3} \times \frac{3}{2}$ は 母子バトル で1になる

$$= (\frac{2}{5} \times \frac{3}{2}) \div 1$$ →1でわっても答えは変わらない

$$= \frac{2}{5} \times \frac{3}{2}$$ →（結果的に）「÷ $\frac{2}{3}$」は「× $\frac{3}{2}$」となる

お子さん(お孫さん)のいる読者で、「う〜ん、なんだかだまされたような気がする」と突っ込まれたら、「あとは学校(塾)の先生に教えてもらいなさい」と逃げましょう。とにかく「÷分数」はスキル **母子チェンジ**(分子と分母の入れ換え)です。

分数のわり算は
分母と分子を
逆にしてかける

「×小数」と「÷小数」

スキル… 小→分 + 母子バトル

小数は基本的に分数化して、どんどんスキル 母子バトル で約分していきます。「おなじみの小数」は、あらかじめ約分後の分数にしておくと、手間が省けます。

【72 × 0.25】のような計算
「おなじみの小数」のときは、実に気分よく計算できます。

$$72 \times 0.25 = \frac{\overset{18}{\cancel{72}} \times 1}{\underset{1}{\cancel{4}}} = 18$$

【480 × 0.15】のような計算
整数の一の位に0があるときは、特に気分よく計算できます。

$$480 \times 0.15 = \frac{\overset{24}{\cancel{480}} \times 3}{\underset{1}{\cancel{20}}} = 72$$

【51 ÷ 0.75】のような計算

$$51 \div 0.75 = 51 \div \frac{3}{4} = 51 \times \frac{4}{3}$$
$$= \frac{\overset{17}{\cancel{51}} \times 4}{\underset{1}{\cancel{3}}} = 68$$

　こういう計算練習をしてると、「2けた÷1けた」のわり算が、頻繁に登場することに気づきます。せっかく気持ちよく計算しているのに、そのつど筆算をしなければならないなんて、興ざめでしょう。ぜひ5～7章をざっとでもよいので読み直してから、次ページのトレーニングに取り組んでみてください。

5～7章を
ざっと読み返そう

「超」計算トレーニング 50

① $4 \times \dfrac{3}{7} =$

② $\dfrac{3}{4} \times \dfrac{2}{9} =$

③ $6 \div \dfrac{7}{9} =$

④ $\dfrac{4}{11} \div \dfrac{7}{8} =$

⑤ $32 \times 0.25 =$

⑥ $16 \times 0.625 =$

⑦ $180 \times 0.55 =$

⑧ $280 \times 0.35 =$

⑨ $21 \div 0.75 =$

⑩ $26 \div 0.65 =$

⑪ $45 \div 1.875 =$

⑫ $54 \div 3.375 =$

「5と2」のコンビで「0」と戦おう

スキル… 小→分 + ごー・つー

　分子と分母のどちらかのチームに「5の倍数」と「偶数」があれば、久々に ごー・つー や 1アップ の登場です。小数とのかけ算では、「10」や「100」が大量に出現するため、スキル ごー・つー が必勝のスキルとなります。

$$14 \times 0.3 \times 15 = \frac{14 \times 3 \times 15}{10}$$
（偶数、5の倍数）

$$= \frac{7 \times 2 \times 3 \times 5 \times 3}{10} = 63$$

$$52 \times 25 \times 0.07 = \frac{52 \times 25 \times 7}{100}$$
（4の倍数、25の倍数）

$$= \frac{13 \times 4 \times 25 \times 7}{100} = 91$$

「超」計算トレーニング 51

① $12 \times 0.2 \times 35 =$

② $45 \times 0.3 \times 8 =$

③ $32 \times 25 \times 0.06 =$

④ $75 \times 0.09 \times 12 =$

⑤ $0.4 \times 15 \times 3 =$

⑥ $25 \times 0.08 \times 7 =$

⑦ $0.3 \times 25 \times 16 \times 0.2 =$

⑧ $0.6 \times 20 \times 0.4 \times 15 =$

⑨ $0.02 \times 35 \times 16 \times 15 =$

⑩ $15 \times 5 \times 0.15 \times 28 =$

母子チェンジで、分数計算を楽しもう

スキル… 小→分 + 母子チェンジ

分子と分母に「10」とか「100」がならぶため、×と÷の両方に小数があると、ますます計算のしがいがあるでしょう。この章のまとめとして、混合計算に取り組んでみてください。

$$2.7 \div 0.18 = \frac{27}{10} \div \frac{18}{100}$$

$$= \frac{\overset{3}{\cancel{27}} \times \cancel{100}^{5}}{\cancel{10}_{1} \times \cancel{18}_{2}} = 15$$

まず100どうしを消す
次に35と7を7で約分

$$0.35 \times 0.018 \div 0.07 = \frac{\overset{5}{\cancel{35}} \times 18 \times \cancel{100}^{1}}{\underset{1}{\cancel{100}} \times 1000 \times \cancel{7}_{1}}$$

ここで ごー・つー

$$= \frac{\overset{1}{\cancel{5}} \times \cancel{18}^{9}}{\underset{100}{\cancel{1000}}} = \frac{9}{100}$$

8章 3数以上のかけ算・わり算

「超」計算トレーニング 52

① 3.5 ÷ 0.14 =

② 8.4 ÷ 0.24 =

③ 0.28 ÷ 0.035 =

④ 0.45 ÷ 3.6 =

⑤ 0.8 ÷ 3 × 0.27 =

⑥ 0.45 × 0.24 ÷ 0.09 =

⑦ 4.2 ÷ 0.07 ÷ 0.03 =

⑧ 0.06 ÷ 0.15 × 3.5 =

⑨ 3.5 ÷ 15 × 1.2 ÷ 0.07 =

⑩ 0.06 ÷ 0.45 ÷ 1.2 × 7.2 =

9章

街角で使える「超」計算

小数から億兆まで「およそ」で求める

《 実用的な概算をマスターする 》

　ここまでは、計算法の基本スキルの解説と、小学生段階にたちかえっての「頭のトレーニング」を主目的として執筆してきました。残されたページ数は限られていますが、最後の章では、ここまで学んできた計算スキルも使いながら、読者の皆さんが日常生活もしくはビジネスにおいて利用できるような「実用的」な計算を扱うことにしましょう。

　算数や数学の計算問題では、もちろん厳密な計算が必要です。しかし、日常生活においては「およそいくら」を素早く知ることも大切な計算スキルです。

　したがって本章では、テーマを「お金の計算」を中心に、消費税の計算、「およそ」の計算（概算）、大きな数の計算などを扱っていくことにします。

消費税の計算

スキル… けた分け + アップ・ダウン

【3550 × 0.08】のような計算

　消費税率は何年後かに 10％に上がるようですが、10％になると便利なことが 1 つだけあります。それは「税金の計算が簡単になる」ということです。しかし 2015 年現在では 8％なので、「税抜き価格 3550 円」の品物に対する 8％の消費税がいくらになるか、計算してみましょう。

　「8％」は元の値段の 0.08 倍なので、「3550 × 0.08」の計算をすることになります。けっこう面倒な計算ですね。

　3550 円を「3500 円 + 50 円」というように、100 円以上の部分と下 2 けたの端数に けた分け します。

　そこで「100 円の 1％が 1 円」→「100 円の 8％は 8 円」ですから、

　3500 円に対する消費税→ 8 × 35 = 280 円

　50 円に対する消費税→ 4 円（50 円は 100 円の 2 分の 1 なので）

　よって 280 + 4 = 284 円 となります。

　スキル アップ・ダウン を使うと、3500 の 8％は、

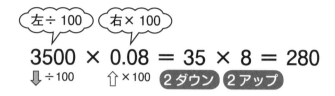

というように計算することもできます。

【262500 × 0.17】を概算する

昭和末期から平成3年にかけて私がドイツに留学していたとき、ドイツの消費税はたしか17％でした。

そのとき買った中古車が約3500マルク。1マルク＝75円として3500×75＝262500円ですから、かなりのポンコツでした。ではこの262500円に対する17％の消費税は「およ・そいくら」になるでしょうか。

187ページでは、分母が4と8の場合について「小数→分数」の換算を学びましたが、「概算」（およその計算）をするときには、$\frac{1}{6} = 0.1666\cdots\cdots$ や $\frac{1}{7} = 0.1428\cdots\cdots$ という数値を覚えておくと便利です。

17％（＝0.17）は $\frac{1}{6}$ より少し大きいので、次のように少し アップ・ダウン して微調整します。

なお、17％と $\frac{1}{6}$ はほぼ等しいという場合、17％ ≒ $\frac{1}{6}$ と書くこともあります。

$$
\begin{aligned}
&\; 262500 \times \overset{少しアップ}{0.17} \\
&\doteqdot\; 270000 \times \frac{1}{6} \\
&=\; 45000
\end{aligned}
$$

（少しアップ）は262500の上、（少しダウン）は0.17の上

262500 × 0.17 = 44625 なので 375 円の誤差がありますが、「およそ」の計算としては上出来でしょう。

家電量販店では「13％ポイント還元セール」といった広告をみかけますが、13％は $\frac{1}{8}$（= 0.125）より少し大きいので、値段のほうを「少しダウン」して 8 で割れば、「およそ」のポイントを求めることができます。

微調整するのが
大人の知恵

「超」計算トレーニング 53

① 450円に対する8%の消費税はいくら？

② 7550円に対する8%の消費税は？

③ 25800円に対する8%の消費税は？

④ 1280円の品物を25%引きで買うと、値引き額はいくら？

⑤ 42000円の品物を15%引きで買うと、値引き額はいくら？

以下の問題は「およその計算」なので答えは1通りとは限りません。

⑥ 14800円に対する17%の消費税はおよそ何円？

⑦ 236000円に対する17%の消費税はおよそ何円？

⑧ 3140円に対する13%ポイント還元はおよそ何円？

⑨ 42500円に対する13%ポイント還元はおよそ何円？

⑩ 63800円に対する14%ポイント還元はおよそ何円？

「割合」の計算はすべて「約分」で

スキル… 母子バトル ＋ アップ・アップ ＋ ダウン・ダウン

【169億 ÷ 182億】を概算する

日常生活においては、せいぜい1万円の単位の計算しか必要ないでしょうが、大企業のビジネスマンであれば、会社の「経常利益率」だとか、「売上高前年比」のような、億単位の計算をすることもあるでしょう。

たとえば前年の売上高が100億円で、今年の売上高が110億円だったとすると、

　　110億 ÷ 100億 ＝ 1.1

なので、1.1倍。普通これを「前年比110％」というように表します。

では前年が182億円、今年が169億円だったとすると、前年比でおよそ何％になるでしょうか。

「169 ÷ 182」をこのまま暗算するのはタイヘンですが、わり算は分数に直すことができるので、

　　$169 ÷ 182 = \dfrac{169}{182}$ として、この分数をできるだけ約分していきましょう。

184ページで学んだ「分子と分母の差に注目」を利用すると、182 － 169 ＝ 13 なので、約分できるとしたら13しかありません。実際、この分数は、

$$\frac{169}{182} = \frac{13}{14}$$

と約分できます。

つまり「前年度を14とすると今年度は13」ですから、$\frac{1}{14}$だけ減少していることがわかります。

$\frac{1}{7} = 0.1428\cdots\cdots$で、$\frac{1}{14}$は$\frac{1}{7}$の半分なので、$0.0714\cdots\cdots$つまり約7％の減少（前年度比93％）となります。

もちろん、いつもこんなふうにばっちり約分できるほうが少ないでしょう。たとえば「前年度197億、今年度177億」の場合。

そもそも「およその計算」をしているのですから、両方を少し アップ・アップ （ないし ダウン・ダウン ）して、

177億 ÷ 197億 ＝ 180 ÷ 200 ＝ 0.9

というように計算することもできます。実際に計算すると177億 ÷ 197億 ≒ 0.8984です。

わり算を分数に直すより、もっと直感的に2つの数量の大小を比較できるのが「比」です。

といっても特別な考え方が必要なわけではありません。分数で表したものを、ただ横に並べるだけです。

前ページの問題であれば、

前年度：今年度 〔両方を1億でわる〕
= 182億：169億 = 182：169
= 14：13 〔両方を13でわる〕

(「：」は「対(たい)」と読みます)

　要するに分母と分子を母子バトルで約分するかわりに、両方を同じ数で割って約分しているのです。
　すると、
「前年を14とすると、今年は13になったのだから、$\frac{1}{14}$ だけ減った」
というように前年度との比較をすることができます。
　前ページの問題を「およそ」で比べるときも、

前年度：今年度 〔両方とも少しアップ〕
= 197億：177億 = 200：180
= 10：9 〔両方を20でわる〕

とカンタンにすることができます。
「％」で表すときは、前年度を100にすると、10：9 = 100：90だから、前年度比約90％、とすぐわかります。プチスキルです。

「超」計算トレーニング 54

□に数字を入れなさい。

① 前年度売上300億円、今年度売上330億円とすると、今年度の売上は前年度比□％。

② 前年度売上3000億円、今年度売上2400億円とすると、今年度の売上は前年度比□％。

③ 定価2000円の品物を□％引きの1400円で買った。

④ 定価7500円の品物を□％引きの6600円で買った

⑤ 1箱400円のタバコが□％値上げで、1箱480円になった。

⑥ 1本320円のビールが□％値上げで336円になった。

ここから先は「およそ」の数を計算して入れなさい。

⑦ 前年度売上7700億円、今年度売上8800億円とすると、今年度の売上は前年度比およそ□％。

⑧ 前年度売上632億円、今年度売上473億円とすると、今年度の売上は前年度比およそ□％。

⑨ 前年度売上2785億円、今年度売上2382億円とすると、今年度の売上は前年度比およそ□％。

累乗の計算と大きな数の読み方

【2 × 2 × 2 × …… × 2】のような計算

「ぼく、きょうからおこづかいは1日1円でいい。でも、もしちゃんと宿題をやったら、次の日は2円、その次の日は4円、というふうにおこづかいを2倍にしてくれる？」

どこかで聞いたような話ですが、もしこの子が宿題をやり続けたら、1カ月後（31日とします）には1日のおこづかいはいくらになるでしょうか。

本書のなかで何度も登場したスキル アップ・ダウン では、「×2」や「÷2」の計算がよく登場します。「×2」の暗算練習のために、とりあえず2を10回かけてみてください。

　2、4、8、16、32、64、128、256、512、1024

はい、OKです。ちょうど10回目で1000を超えるので、覚えやすいでしょう。では2を30回かけると、いくつになるでしょう？　10回で約1000倍ですから、30回ならば、

　1000 × 1000 × 1000 = 1000000000

になります。けたが大きくなって混乱しそうになったら、「1000は0が3個だから、1000 × 1000 × 1000 は0が9個」

というように、0の個数を数えてください。1,000,000,000というように「3けた区切り」で表すのが一般的ですが、日本語の数の読み方は「4けた区切り」のほうがはるかにわかりやすいはずです。

1万 = 1,0000、1億 = 1,0000,0000 ですから、0が9個なら、4個・4個でさらに1個あまり。つまり、

1000 × 1000 × 1000 = 10,0000,0000（10億）です。

ちょっと横道にそれますが、最近はデータ容量などを表す「ギガ」「テラ」という単位がよく使われます。

ちなみに1B（バイト）の1024倍が1KB（キロバイト）、1KBの1024倍が1MB（メガバイト）、というように、ここでも「1024（= 2^{10}）」という数字が登場します。

突然ですが、ここで問題。

1TB（テラバイト）は1Bのおよそ何倍でしょうか？

1B × 1024 → 1KB

1KB × 1024 → 1MB

1MB × 1024 → 1GB（ギガバイト）

1GB × 1024 → 1TB

したがって、

1024 × 1024 × 1024 × 1024 = 約 1000000000000

となります。

0の個数は3 × 4 = 12個。12を4けた区切りで考えれば1,0000,0000,0000 = 1兆となります。

「超」計算トレーニング 55

□におよその数字を入れなさい。

① 2を20回かけた数はだいたい□。

② 2を12回かけた数はだいたい□。

③ 2を33回かけた数はだいたい□。

④ 4を20回かけた数はだいたい□。

⑤ 1MB（メガバイト）は約□バイト。（1メガは1キロの1000倍だから、1000 × 1000 = 100万バイト）

⑥ 1GB（ギガバイト）は約□バイト。（1ギガは1メガの1000倍だから、100万× 1000 = 10億バイト）

⑦ 1PB（ペタバイト、1TBの1024倍）は約□キロバイト。

大きな数どうしのわり算

スキル… アップ・アップ + ダウン・ダウン

どうせなら最後は国家レベルのお金について、計算してみましょう。

たとえば、

「名目GDP（国内総生産）」が480兆円で、人口が1億2000万人。さて国民1人あたりの名目GDPは？」

みたいな計算です。

前項でも説明したように、億や兆の単位の数字は「4けた区切り」で考えましょう（「グローバル化」の時代に逆行するようで恐縮ですが……）。

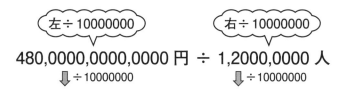

つまり、1人あたり400万円となります。これでも「0」が多くてタイヘンかもしれませんが、

$$1 \xrightarrow{\times 10000} 1万 \xrightarrow{\times 10000} 1億 \xrightarrow{\times 10000} 1兆$$

4アップ　4アップ　4アップ

ですから、一気に「4ダウン」(兆→億、億→万) とか「8ダウン」(兆→万、億→1) を使えば、

$$480兆 \div 1.2億 = 480万 \div 1.2$$
$$= 400万$$

↓÷100000000　↓÷100000000　8ダウン　8ダウン

と計算することもできます。

「超」計算トレーニング 56

① 100億 ÷ 10万 =　　② 2500億 ÷ 500万 =

③ 4900億 ÷ 70万 =　　④ 12兆 ÷ 3万 =

⑤ 200兆 ÷ 40万 =　　⑥ 189兆 ÷ 7万 =

⑦ 100兆 ÷ 10億 =　　⑧ 420兆 ÷ 7億 =

⑨ 4200兆 ÷ 700億 =　　⑩ 1690兆 ÷ 13億 =

「超」計算トレーニング 解答

【p21】【p24】は省略

【p27】
①2 ②25 ③140 ④223 ⑤345 ⑥372 ⑦481 ⑧539 ⑨673 ⑩797 ⑪899 ⑫971

【p33】
①9 + 3 = 10 + 2 = 12 ②9 + 5 = 10 + 4 = 14 ③9 + 9 = 10 + 8 = 18 ④4 + 9 = 3 + 10 = 13 ⑤8 + 3 = 10 + 1 = 11 ⑥8 + 8 = 10 + 6 = 16 ⑦4 + 7 = 1 + 10 = 11 ⑧7 + 5 = 10 + 2 = 12 ⑨6 + 6 = 10 + 2 = 12 ⑩6 + 8 = 4 + 10 = 14 ⑪2 + 9 = 1 + 10 = 11 ⑫7 + 7 = 10 + 4 = 14

【p36】
①99 + 28 = 100 + 27 = 127 ②99 + 54 = 100 + 53 = 153 ③36 + 98 = 34 + 100 = 134 ④16 + 97 = 13 + 100 = 113 ⑤95 + 55 = 100 + 50 = 150 ⑥25 + 95 = 20 + 100 = 120 ⑦90 + 89 = 100 + 79 = 179 ⑧61 + 90 = 51 + 100 = 151 ⑨92 + 18 = 100 + 10 = 110 ⑩77 + 94 = 71 + 100 = 171 ⑪27 + 95 = 22 + 100 = 122 ⑫93 + 39 = 100 + 32 = 132

【p38】
①48 + 55 = 50 + 53 = 103 ②39 + 46 = 40 + 45 = 85 ③77 + 69 = 76 + 70 = 146 ④16 + 88 = 14 + 90 = 104 ⑤56 + 76 = 60 + 72 = 132 ⑥48 + 73 = 50 + 71 = 121 ⑦19 + 53 = 20 + 52 = 72 ⑧64 + 29 = 63 + 30 = 93 ⑨28 + 44 = 30 + 42 = 72 ⑩17 + 74 = 20 + 71 = 91 ⑪37 + 89 = 36 + 90 = 126 ⑫55 + 39 = 54 + 40 = 94

【p40】
①888 + 554 = 900 + 542 = 1442 ②967 + 167 = 1000 + 134 = 1134 ③777 + 977 = 754 + 1000 = 1754 ④169 + 883 = 152 + 900 = 1052 ⑤531 + 789 = 520 + 800 = 1320 ⑥485 + 726 = 500 + 711 = 1211 ⑦688 + 534 = 700 + 522 = 1222 ⑧568 + 255 = 600 + 223 = 823 ⑨858 + 454 = 900 + 412 = 1312 ⑩134 + 178 = 112 + 200 = 312 ⑪456 + 888 = 444 + 900 = 1344 ⑫456 + 789 = 445 + 800 = 1245

【p45】
①50 → (41) → (32) → (23) → (14) ②70 → (61) → (52) → (43) → (34) ③90 → (82) → (74) → (66) → (58) ④80 → (73) → (66) → (59) → (52) ⑤90 → (84) → (78) → (72) → (66) ⑥120 → (111) → (102) → (93) → (84)

【p47】
①84 − 9 = 84 −(10 − 1) = 75 ②72 − 9 = 72 −(10 − 1) = 63 ③58 − 9 = 58 −(10 − 1) = 49 ④63 − 9 = 63 −(10 − 1) = 54 ⑤51 − 8 = 51 −(10 − 2) = 43 ⑥76 − 8 = 76 −(10 − 2) = 68 ⑦32 − 6 = 32 −(10 − 4) = 26 ⑧21 − 7 = 21 −(10 − 3) = 14 ⑨51 − 5 = 51 −(10 − 5) = 46 ⑩22 − 7 = 22 −(10 − 3) = 15 ⑪33 − 8 =

33 − (10 − 2) = 25 ⑫ 93 − 6 = 93 − (10 − 4) = 87

【p49】

① 271 − 99 = 271 − (100 − 1) = 172 ② 412 − 95 = 412 − (100 − 5) = 317 ③ 631 − 98 = 631 − (100 − 2) = 533 ④ 332 − 94 = 332 − (100 − 6) = 238 ⑤ 142 − 93 = 142 − (100 − 7) = 49 ⑥ 982 − 96 = 982 − (100 − 4) = 886 ⑦ 513 − 89 = 513 − (100 − 11) = 424 ⑧ 832 − 84 = 832 − (100 − 16) = 748 ⑨ 512 − 78 = 512 − (100 − 22) = 434 ⑩ 131 − 74 = 131 − (100 − 26) = 57 ⑪ 346 − 69 = 346 − (100 − 31) = 277 ⑫ 211 − 58 = 211 − (100 − 42) = 153

【p51】

① 1250 − 950 = 1250 − (1000 − 50) = 300 ② 2700 − 992 = 2700 − (1000 − 8) = 1708 ③ 3225 − 930 = 3225 − (1000 − 70) = 2295 ④ 4221 − 993 = 4221 − (1000 − 7) = 3228 ⑤ 7542 − 905 = 7542 − (1000 − 95) = 6637 ⑥ 2414 − 906 = 2414 − (1000 − 94) = 1508 ⑦ 2329 − 910 = 2329 − (1000 − 90) = 1419 ⑧ 6831 − 920 = 6831 − (1000 − 80)= 5911 ⑨ 5213 − 978 = 5213 −(1000 − 22) = 4235 ⑩ 1413 − 966 = 1413 − (1000 − 34) = 447 ⑪ 2329 − 916 = 2329 − (1000 − 84) = 1413 ⑫ 9163 − 924 = 9163 − (1000 − 76) = 8239

【p53】

① 750 − 199 = 750 − (200 − 1) = 551 ② 560 − 285 = 560 − (300 − 15) = 275 ③ 684 − 286 = 684 − (300 − 14) = 398 ④ 724 − 389 = 724 − (400 − 11) = 335 ⑤ 341 − 276 = 341 − (300 − 24) = 65 ⑥ 911 − 678 = 911 − (700 − 22) = 233 ⑦ 833 − 177 = 833 − (200 − 23) = 656 ⑧ 642 − 369 = 642 − (400 − 31) = 273 ⑨ 314 − 145 = 314 − (200 − 55) = 169 ⑩ 741 − 459 = 741 − (500 − 41) = 282 ⑪ 823 − 348 = 823 − (400 − 52) = 475 ⑫ 814 − 238 = 814 − (300 − 62) = 576

【p61】

① 72 + 47 = 119 ② 63 + 56 = 119 ③ 58 + 87 = 145 ④ 78 + 47 = 125 ⑤ 36 + 78 = 114 ⑥ 89 + 64 = 153 ⑦ 67 + 57 = 124 ⑧ 66 + 66 = 132 ⑨ 38 + 94 = 132 ⑩ 98 + 79 = 177 ⑪ 39 + 87 = 126 ⑫ 46 + 97 = 143

【p64】

① 256 + 312 = 568 ② 108 + 506 = 614 ③ 473 + 252 = 725 ④ 781 + 136 = 917 ⑤ 358 + 427 = 785 ⑥ 219 + 456 = 675 ⑦ 388 + 536 = 924 ⑧ 649 + 183 = 832 ⑨ 876 + 469 = 1345 ⑩ 488 + 579 = 1067 ⑪ 4135 + 1621 = 5756 ⑫ 3282 + 2546 = 5828

【p67】

① 7215 + 1633 = 8848 ② 2808 + 3212 = 6020 ③ 5528 + 3863 = 9391 ④ 1720 + 4837 = 6557 ⑤ 3827 + 5649 = 9476 ⑥ 2756 + 3916 = 6672 ⑦ 3828 + 1437 = 5265 ⑧ 8614 + 7858 = 16472 ⑨ 143511 + 324118 = 467629 ⑩ 314628 + 263604 = 578232

【p69】

① 75 − 43 = 32 ② 69 − 57 = 12 ③ 95 − 81 = 14 ④ 35 − 18 = 17 ⑤ 74 − 19 = 55 ⑥ 62 − 34 = 28 ⑦ 31 − 22 = 9 ⑧ 74 − 48 = 26 ⑨ 43 − 17 = 26 ⑩ 44 − 18

= 26　⑪ 38 − 19 = 19　⑫ 96 − 19 = 77

【p71】

① 647 − 416 = 231　② 568 − 367 = 201　③ 926 − 831 = 95　④ 304 − 282 = 22　⑤ 428 − 142 = 286　⑥ 736 − 118 = 618　⑦ 923 − 458 = 465　⑧ 835 − 256 = 579　⑨ 4758 − 3114 = 1644　⑩ 8639 − 6512 = 2127　⑪ 6259 − 3818 = 2441　⑫ 7238 − 4491 = 2747

【p74】

① 730 − 340 = 390　② 825 − 526 = 299　③ 523 − 231 = 292　④ 657 − 468 = 189　⑤ 728 − 344 = 384　⑥ 541 − 178 = 363　⑦ 628 − 561 = 67　⑧ 942 − 168 = 774　⑨ 6849 − 2114 = 4735　⑩ 7368 − 4151 = 3217　⑪ 7424 − 3232 = 4192　⑫ 6234 − 3857 = 2377

【p80】

① 8 + 9 + 2 = 10 + 9 = 19　② 7 + 4 + 3 = 10 + 4 = 14　③ 5 + 2 + 7 + 5 = 10 + 9 = 19　④ 6 + 3 + 4 + 5 = 10 + 8 = 18　⑤ 3 + 9 + 8 + 7 + 1 = 10 + 10 + 8 = 28　⑥ 5 + 4 + 5 + 7 + 6 = 10 + 10 + 7 = 27　⑦ 7 + 7 + 4 + 3 + 6 = 10 + 10 + 7 = 27　⑧ 5 + 4 + 9 + 5 + 1 = 10 + 10 + 4 = 24　⑨ 4 + 9 + 2 + 1 + 8 + 4 = 10 + 10 + 8 = 28　⑩ 1 + 4 + 2 + 2 + 8 + 6 = 10 + 10 + 3 = 23

【p82】

① 87 + 55 + 13 = 100 + 55 = 155　② 63 + 37 + 23 = 100 + 23 = 123　③ 79 + 45 + 52 + 21 = 100 + 97 = 197　④ 28 + 46 + 72 + 54 = 100 + 100 = 200　⑤ 31 + 42 + 59 + 58 + 69 = 100 + 100 + 59 = 259　⑥ 33 + 19 + 47 + 53 + 67 = 100 + 19 + 100 = 219　⑦ 23 + 39 + 77 + 71 + 61 = 100 + 100 + 71 = 271　⑧ 65 + 11 + 45 + 89 + 55 = 65 + 100 + 100 = 265　⑨ 28 + 41 + 72 + 21 + 59 + 11 = 100 + 100 + 32 = 232　⑩ 32 + 15 + 42 + 55 + 85 + 58 = 87 + 100 + 100 = 287

【p84】

① 51 + 19 + 36 = 70 + 36 = 106　② 37 + 24 + 53 = 90 + 24 = 114　③ 18 + 19 + 42 = 60 + 19 = 79　④ 75 + 64 + 15 = 90 + 64 = 154　⑤ 32 + 28 + 56 + 14 = 60 + 70 = 130　⑥ 25 + 19 + 35 + 31 = 60 + 50 = 110　⑦ 32 + 35 + 11 + 48 + 29 = 80 + 35 + 40 = 155　⑧ 44 + 23 + 15 + 17 + 65 = 44 + 40 + 80 = 164　⑨ 12 + 25 + 34 + 28 + 46 = 40 + 25 + 80 = 145　⑩ 15 + 12 + 26 + 15 + 34 = 30 + 12 + 60 = 102

【p87】

① 53 − 18 + 16 = 69 − 18 = 51　② 62 − 17 + 18 = 80 − 17 = 63　③ 14 − 33 + 52 − 22 = 66 − 55 = 11　④ 35 − 26 + 43 − 44 = 78 − 70 = 8　⑤ 34 + 29 − 12 − 31 + 11 = 74 − 43 = 31　⑥ 36 − 15 + 42 − 25 − 13 = 78 − 53 = 25　⑦ 42 + 13 − 29 − 22 − 11 + 28 = 83 − 62 = 21　⑧ 35 − 21 + 15 + 39 − 24 − 19 = 89 − 64 = 25　⑨ 31 − 22 + 46 − 28 − 26 + 34 = 111 − 76 = 35　⑩ 77 − 41 + 22 + 13 − 14 − 19 = 112 − 74 = 38

【p92】

① 36 − 8 − 5 + 8 = 36 − 5 = 31　② 62 − 17 + 18 − 1 = 62　③ 51 − 32 + 24 − 19

218

= 24 ④43 + 39 − 21 − 18 = 43 ⑤26 + 64 − 37 + 27 − 24 = 26 + 40 − 10 = 56 ⑥44 − 62 − 24 + 34 + 42 = 20 − 20 + 34 = 34 ⑦39 + 22 − 25 = 14 + 22 = 36 ⑧31 + 46 − 22 = 31 + 24 = 55 ⑨25 + 31 − 12 − 26 + 39 = 30 + 27 = 57 ⑩44 − 25 + 11 + 66 − 12 = 110 − 26 = 84

【p95】
①101 + 105 + 104 + 103 = 100 × 4 + 13 = 413 ②110 + 109 + 115 + 107 = 110 × 4 + 1 = 441 ③109 + 98 + 102 + 99 = 100 × 4 + 8 = 408 ④121 + 118 + 122 + 117 = 120 × 4 − 2 = 478 ⑤102 + 103 + 107 + 101 + 106 = 100 × 5 + 19 = 519 ⑥108 + 111 + 113 + 106 + 110 = 110 × 5 − 2 = 548 ⑦101 + 96 + 102 + 106 + 98 = 100 × 5 + 3 = 503 ⑧133 + 129 + 134 + 124 + 131 = 130 × 5 + 1 = 651 ⑨1006 + 992 + 994 + 1011 + 1009 = 1000 × 5 + 12 = 5012 ⑩1204 + 1199 + 1189 + 1201 + 1211 = 1200 × 5 + 4 = 6004

【p100】
①7 + 8 + 9 = 8 × 3 = 24 ②10 + 15 + 20 + 25 = 35 × 2 = 70 ③3 + 6 + 9 + 12 + 15 = 9 × 5 = 45 ④18 + 22 + 26 + 30 = 48 × 2 = 96 ⑤10 + 11 + 11 + 13 + 14 = 12 × 5 − 1 = 59 ⑥30 + 32 + 34 + 35 + 38 = 34 × 5 − 1 = 169 ⑦13 + 15 + 19 + 22 = 35 × 2 − 1 = 69 ⑧5 + 9 + 13 + 19 + 21 + 25 = 30 × 3 + 2 = 92 ⑨24 + 30 + 40 + 48 + 56 + 64 = 88 × 3 − 2 = 262 ⑩14 + 20 + 24 + 29 + 35 + 39 = 53 × 3 + 2 = 161

【p107】
①13 × 6 = (10 + 3) × 6 = 78 ②12 × 5 = (10 + 2) × 5 = 60 ③16 × 7 = (10 + 6) × 7 = 112 ④17 × 8 = (10 + 7) × 8 = 136 ⑤19 × 4 = (10 + 9) × 4 = 76 ⑥13 × 9 = (10 + 3) × 9 = 117 ⑦14 × 6 = (10 + 4) × 6 = 84 ⑧18 × 6 = (10 + 8) × 6 = 108 ⑨19 × 6 = (10 + 9) × 6 = 114 ⑩17 × 5 = (10 + 7) × 5 = 85 ⑪14 × 7 = (10 + 4) × 7 = 98 ⑫13 × 7 = (10 + 3) × 7 = 91

【p110】
①24 × 3 = (20 + 4) × 3 = 72 ②12 × 5 = (10 + 2) × 5 = 60 ③36 × 4 = (30 + 6) × 4 = 144 ④54 × 8 = (50 + 4) × 8 = 432 ⑤46 × 8 = (40 + 6) × 8 = 368 ⑥66 × 7 = (60 + 6) × 7 = 462 ⑦38 × 5 = (30 + 8) × 5 = 190 ⑧42 × 9 = (40 + 2) × 9 = 378 ⑨28 × 7 = (20 + 8) × 7 = 196 ⑩86 × 4 = (80 + 6) × 4 = 344 ⑪96 × 9 = (90 + 6) × 9 = 864 ⑫48 × 3 = (40 + 8) × 3 = 144

【p113】
①29 × 5 = (30 − 1) × 5 = 145 ②19 × 8 = (20 − 1) × 8 = 152 ③39 × 7 = (40 − 1) × 7 = 273 ④59 × 6 = (60 − 1) × 6 = 354 ⑤69 × 3 = (70 − 1) × 3 = 207 ⑥49 × 5 = (50 − 1) × 5 = 245 ⑦79 × 6 = (80 − 1) × 6 = 474 ⑧99 × 3 = (100 − 1) × 3 = 297 ⑨89 × 4 = (90 − 1) × 4 = 356 ⑩28 × 4 = (30 − 2) × 4 = 112 ⑪48 × 6 = (50 − 2) × 6 = 288 ⑫67 × 6 = (70 − 3) × 6 = 402

【p120】

① 14 × 12 = 14 × (10 + 2) = 168 ② 8 × 13 = 8 × (10 + 3) = 104 ③ 15 × 13 = 15 × (10 + 3) = 195 ④ 11 × 19 = 11 × (10 + 9) = 209 ⑤ 13 × 19 = 13 × (10 + 9) = 247 ⑥ 12 × 18 = 12 × (10 + 8) = 216 ⑦ 18 × 14 = 18 × (10 + 4) = 252 ⑧ 16 × 13 = 16 × (10 + 3) = 208 ⑨ 17 × 17 = 17 × (10 + 7) = 289 ⑩ 17 × 14 = 17 × (10 + 4) = 238 ⑪ 13 × 17 = 13 × (10 + 7) = 221 ⑫ 15 × 18 = 15 × (10 + 8) = 270

【p124】

① 45 × 21 = 45 × (20 + 1) = 945 ② 18 × 31 = 18 × (30 + 1) = 558 ③ 42 × 19 = 42 × (20 − 1) = 798 ④ 33 × 39 = 33 × (40 − 1) = 1287 ⑤ 51 × 34 = (50 + 1) × 34 = 1734 ⑥ 31 × 16 = (30 + 1) × 16 = 496 ⑦ 29 × 44 = (30 − 1) × 44 = 1276 ⑧ 49 × 17 = (50 − 1) × 17 = 833 ⑨ 46 × 22 = 46 × (20 + 2) = 1012 ⑩ 35 × 33 = 35 × (30 + 3) = 1155 ⑪ 34 × 28 = 34 × (30 − 2) = 952 ⑫ 66 × 47 = 66 × (50 − 3) = 3102

【p127】

① 31 × 29 = (30 + 1) × (30 − 1) = 899 ② 44 × 36 = (40 + 4) × (40 − 4) = 1584 ③ 58 × 62 = (60 − 2) × (60 + 2) = 3596 ④ 77 × 83 = (80 − 3) × (80 + 3) = 6391 ⑤ 98 × 102 = (100 − 2) × (100 + 2) = 9996 ⑥ 105 × 95 = (100 + 5) × (100 − 5) = 9975 ⑦ 201 × 199 = (200 + 1) × (200 − 1) = 39999 ⑧ 305 × 295 = (300 + 5) × (300 − 5) = 89975 ⑨ 10.2 × 9.8 = (10 + 0.2) × (10 − 0.2) = 99.96 ⑩ 19.8 × 20.2 = (20 − 0.2) × (20 + 0.2) = 399.96 ⑪ 9.6 × 10.4 = (10 − 0.4) × (10 + 0.4) = 99.84 ⑫ 30.3 × 29.7 = (30 + 0.3) × (30 − 0.3) = 899.91

【p130】

① 19 × 19 = 20 × 18 + 1 = 361 ② 44 × 44 = 48 × 40 + 16 = 1936 ③ 33 × 33 = 36 × 30 + 9 = 1089 ④ 77 × 77 = 80 × 74 + 9 = 5929 ⑤ 12 × 12 = 14 × 10 + 4 = 144 ⑥ 95 × 95 = 100 × 90 + 25 = 9025 ⑦ 21 × 21 = 22 × 20 + 1 = 441 ⑧ 45 × 45 = 50 × 40 + 25 = 2025 ⑨ 56 × 56 = 60 × 52 + 16 = 3136 ⑩ 18 × 18 = 20 × 16 + 4 = 324 ⑪ 63 × 63 = 66 × 60 + 9 = 3969 ⑫ 82 × 82 = 84 × 80 + 4 = 6724

【p134】

① 32 × 12 = 64 × 6 = 384 ② 44 × 14 = 88 × 7 = 616 ③ 12 × 52 = 6 × 104 = 624 ④ 25 × 16 = 50 × 8 = 400 ⑤ 18 × 19 = 9 × 38 = 342 ⑥ 15 × 14 = 30 × 7 = 210 ⑦ 16 × 71 = 8 × 142 = 1136 ⑧ 37 × 12 = 74 × 6 = 444 ⑨ 43 × 18 = 86 × 9 = 774 ⑩ 53 × 16 = 106 × 8 = 848 ⑪ 14 × 17 = 7 × 34 = 238 ⑫ 12 × 104 = 6 × 208 = 1248

【p136】

① 184 × 5 = 92 × 10 = 920 ② 462 × 5 = 231 × 10 = 2310 ③ 102 × 5 = 51 × 10 = 510 ④ 256 × 5 = 128 × 10 = 1280 ⑤ 182 × 15 = 91 × 30 = 2730 ⑥ 232 × 15 = 116 × 30 = 3480 ⑦ 164 × 15 = 82 × 30 = 2460 ⑧ 138 × 25 = 69 × 50 = 3450 ⑨ 25 × 716 = 50 × 358 = 17900 ⑩ 5 × 416 = 10 × 208 = 2080 ⑪ 15 × 318 = 30 × 159 = 4770 ⑫ 15 × 104 = 30 × 52 = 1560

【p139】

①42 × 15 = 63 × 10 = 630 ②64 × 15 = 96 × 10 = 960 ③14 × 25 = 35 × 10 = 350 ④25 × 38 = 95 × 10 = 950 ⑤82 × 35 = 287 × 10 = 2870 ⑥45 × 56 = 252 × 10 = 2520 ⑦35 × 42 = 147 × 10 = 1470 ⑧18 × 45 = 81 × 10 = 810 ⑨6 × 9 × 15 = 81 × 10 = 810 ⑩12 × 7 × 25 = 210 × 10 = 2100 ⑪8 × 5 × 17 = 68 × 10 = 680 ⑫3 × 18 × 15 = 81 × 10 = 810

【p142】
①16 × 25 × 3 = 12 × 100 = 1200 ②33 × 25 × 12 = 99 × 100 = 9900 ③4 × 3 × 15 × 5 = 9 × 100 = 900 ④6 × 20 × 17 × 5 = 102 × 100 = 10200 ⑤75 × 16 = 12 × 100 = 1200 ⑥28 × 75 = 21 × 100 = 2100 ⑦75 × 6 × 2 = 9 × 100 = 900 ⑧125 × 28 = 35 × 100 = 3500 ⑨125 × 8 × 7 = 70 × 100 = 7000 ⑩28 × 175 = 49 × 100 = 4900

【p145】
①42 × 4 + 42 × 6 = 42 × 10 = 420 ②56 × 2 + 56 × 8 = 56 × 10 = 560 ③31 × 3 + 31 × 5 + 31 × 2 = 31 × 10 = 310 ④41 × 8 + 41 × 5 + 41 × 7 = 41 × 20 = 820 ⑤68 × 21 + 68 × 16 + 68 × 13 = 68 × 50 = 3400 ⑥1.19 × 37 + 1.19 × 63 = 1.19 × 100 = 119 ⑦2.6 × 128 + 2.6 × 72 = 2.6 × 200 = 520 ⑧3.14 × 20 + 3.14 × 30 + 3.14 × 50 = 3.14 × 100 = 314 ⑨44 × 13 + 44 × 11 + 44 × 9 + 44 × 27 = 44 × 60 = 2640 ⑩83 × 26 + 83 × 9 + 83 × 16 + 83 × 39 = 83 × 90 = 7470

【p148】
①18 × 320 + 180 × 28 = 180 × 60 = 10800 ②25 × 330 + 67 × 250 = 250 × 100 = 25000 ③12 × 270 − 120 × 13 = 120 × 14 = 1680 ④750 × 14 + 160 × 75 = 75 × 300 = 22500 ⑤4 × 17 + 2 × 26 = 2 × 60 = 120 ⑥16 × 76 − 8 × 48 = 16 × 52 = 832 ⑦13 × 153 − 11 × 39 = 39 × 40 = 1560 ⑧123 × 14 + 41 × 38 = 41 × 80 = 3280 ⑨1.3 × 32 + 13 × 2.8 = 13 × 6 = 78 ⑩1.23 × 15 + 123 × 0.85 = 123 × 1 = 123

【p154】
①12 ÷ 6 = 2 ②14 ÷ 7 = 2 ③27 ÷ 3 = 9 ④30 ÷ 7 = 4 あまり 2 ⑤26 ÷ 5 = 5 あまり 1 ⑥32 ÷ 8 = 4 ⑦28 ÷ 7 = 4 ⑧36 ÷ 7 = 5 あまり 1 ⑨42 ÷ 6 = 7 ⑩45 ÷ 8 = 5 あまり 5 ⑪54 ÷ 9 = 6 ⑫63 ÷ 8 = 7 あまり 7

【p158】
①48 ÷ 3 = 16 ②84 ÷ 7 = 12 ③96 ÷ 4 = 24 ④87 ÷ 3 = 29 ⑤74 ÷ 5 = 14 あまり 4 ⑥68 ÷ 3 = 22 あまり 2 ⑦74 ÷ 4 = 18 あまり 2 ⑧76 ÷ 6 = 12 あまり 4 ⑨52 ÷ 13 = 4 ⑩68 ÷ 17 = 4 ⑪76 ÷ 14 = 5 あまり 6 ⑫89 ÷ 13 = 6 あまり 11

【p162】
①710 ÷ 5 = 1420 ÷ 10 = 142 ②575 ÷ 5 = 1150 ÷ 10 = 115 ③1245 ÷ 5 = 2490 ÷ 10 = 249 ④3225 ÷ 5 = 6450 ÷ 10 = 645 ⑤405 ÷ 15 = 810 ÷ 30 = 81 ÷ 3 = 27 ⑥1020 ÷ 15 = 2040 ÷ 30 = 204 ÷ 3 = 68 ⑦225 ÷ 25 = 900 ÷ 100 = 9 ⑧925 ÷ 25 = 3700 ÷ 100 = 37 ⑨870 ÷ 30 = 87 ÷ 3 = 29 ⑩ 840 ÷ 35 = 1680 ÷ 70 = 168 ÷ 7

221

= 24 ⑪ 12400 ÷ 400 = 124 ÷ 4 = 31 ⑫ 738000 ÷ 6000 = 738 ÷ 6 = 123

【p164】
① 24 ÷ 0.4 = 240 ÷ 4 = 60 ② 95 ÷ 0.5 = 950 ÷ 5 = 190 ③ 624 ÷ 0.6 = 6240 ÷ 6 = 1040 ④ 21.6 ÷ 0.8 = 216 ÷ 8 = 27 ⑤ 23.7 ÷ 0.3 = 237 ÷ 3 = 79 ⑥ 16.66 ÷ 0.07 = 1666 ÷ 7 = 238 ⑦ 14.4 ÷ 0.12 = 1440 ÷ 12 = 120 ⑧ 525 ÷ 0.25 = 52500 ÷ 25 = 210000 ÷ 100 = 2100 ⑨ 47.7 ÷ 0.03 = 4770 ÷ 3 = 1590 ⑩ 2.07 ÷ 0.09 = 207 ÷ 9 = 23 ⑪ 86 ÷ 4.3 = 860 ÷ 43 = 20 ⑫ 6.4 ÷ 1.6 = 64 ÷ 16 = 4

【p168】
① 3.5 ÷ 0.4 = 8 あまり 0.3 ② 9.5 ÷ 0.6 = 15 あまり 0.5 ③ 35.3 ÷ 0.3 = 117 あまり 0.2 ④ 5.9 ÷ 1.8 = 3 あまり 0.5 ⑤ 4.61 ÷ 1.35 = 3 あまり 0.56 ⑥ 2.68 ÷ 0.17 = 15 あまり 0.13 ⑦ 8 ÷ 1.2 = 6.6 あまり 0.08 ⑧ 73 ÷ 3.2 = 22.8 あまり 0.04 ⑨ 6.9 ÷ 0.16 = 43.1 あまり 0.004 ⑩ 14.7 ÷ 0.09 = 163.3 あまり 0.003 ⑪ 12.8 ÷ 0.15 = 85.3 あまり 0.005 ⑫ 169.9 ÷ 1.26 = 134.8 あまり 0.052

【p173】
① 42 × 35 ÷ 15 = 98 ② 28 × 18 ÷ 21 = 24 ③ 35 ÷ 15 × 12 = 28 ④ 30 × 21 ÷ 18 = 35 ⑤ 24 ÷ 16 × 24 = 36 ⑥ 56 × 15 ÷ 24 = 35 ⑦ 30 ÷ 15 × 45 ÷ 18 = 5 ⑧ 18 × 63 ÷ 14 ÷ 27 = 3 ⑨ 48 ÷ 16 × 21 × 49 = 7 ⑩ 42 ÷ 45 × 30 ÷ 14 = 2

【p177】
① 72 × 25 ÷ 12 ÷ 15 = 10 ② 48 ÷ 30 × 45 ÷ 9 = 8 ③ 132 × 40 ÷ 15 ÷ 16 = 22 ④ 224 ÷ 12 ÷ 28 × 42 = 28 ⑤ 15 ÷ 11 × 220 ÷ 25 = 12 ⑥ 144 × 25 ÷ 20 ÷ 36 = 5 ⑦ 125 ÷ 15 × 18 ÷ 25 = 6 ⑧ 30 × 475 ÷ 19 ÷ 125 = 6 ⑨ 325 ÷ 52 ÷ 175 × 336 = 12 ⑩ 216 ÷ 225 × 48 ÷ 132 × 275 = 96

【p179】
3 の倍数…①②③④⑤⑥⑧⑩⑪ 9 の倍数…②③④⑥⑧⑩

【p182】
3 の倍数…①④⑥ 3 の倍数…⑦⑨⑫

【p186】
① $\frac{3}{70}$ ② $\frac{3}{7}$ ③ $\frac{7}{19}$ ④ $\frac{12}{23}$ ⑤ $\frac{12}{29}$ ⑥ $\frac{2}{9}$ ⑦ $\frac{15}{16}$ ⑧ $\frac{11}{13}$ ⑨ $\frac{23}{26}$ ⑩ $\frac{13}{16}$

【p190】
① $1.25 = \frac{5}{4}$ ② $7.25 = \frac{29}{4}$ ③ $10.375 = \frac{83}{8}$ ④ $1.625 = \frac{13}{8}$ ⑤ $4.875 = \frac{39}{8}$ ⑥ $1.125 = \frac{9}{8}$ ⑦ $0.075 = \frac{3}{40}$ ⑧ $0.0375 = \frac{3}{80}$ ⑨ $0.3125 = 0.3 + 0.0125 = \frac{25}{80} = \frac{5}{16}$ ⑩ $0.8875 = 0.8 + 0.0875 = \frac{71}{80}$ ⑪ $0.2625 = 0.2 + 0.0625 = \frac{21}{80}$ ⑫ $0.525 = 0.5 + 0.025 = \frac{21}{40}$

【p196】
① $4 \times \frac{3}{7} = \frac{12}{7}$ ② $\frac{3}{4} \times \frac{2}{9} = \frac{1}{6}$ ③ $6 \div \frac{7}{9} = \frac{54}{7}$ ④ $\frac{4}{11} \div \frac{7}{8} = \frac{32}{77}$ ⑤ $32 \times 0.25 = 32 \times \frac{1}{4} = 8$ ⑥ $16 \times 0.625 = 16 \times \frac{5}{8} = 10$ ⑦ $180 \times 0.55 = 180 \times \frac{55}{100} = 99$ ⑧ 280 ×

$0.35 = 280 \times \frac{35}{100} = 98$ ⑨ $21 \div 0.75 = 21 \times \frac{4}{3} = 28$ ⑩ $26 \div 0.65 = 26 \times \frac{100}{65} = 40$
⑪ $45 \div 1.875 = 45 \times \frac{8}{15} = 24$ ⑫ $54 \div 3.375 = 54 \times \frac{8}{27} = 16$

【p198】
① $12 \times 0.2 \times 35 = 84$ ② $45 \times 0.3 \times 8 = 108$ ③ $32 \times 25 \times 0.06 = 48$ ④ $75 \times 0.09 \times 12 = 81$ ⑤ $0.4 \times 15 \times 3 = 18$ ⑥ $25 \times 0.08 \times 7 = 14$ ⑦ $0.3 \times 25 \times 16 \times 0.2 = 24$ ⑧ $0.6 \times 20 \times 0.4 \times 15 = 72$ ⑨ $0.02 \times 35 \times 16 \times 15 = 168$ ⑩ $15 \times 5 \times 0.15 \times 28 = 315$

【p200】
① $3.5 \div 0.14 = 25$ ② $8.4 \div 0.24 = 35$ ③ $0.28 \div 0.035 = 8$ ④ $0.45 \div 3.6 = \frac{1}{8}$ ⑤ $0.8 \div 3 \times 0.27 = \frac{9}{125}$ ⑥ $0.45 \times 0.24 \div 0.09 = \frac{6}{5}$ ⑦ $4.2 \div 0.07 \div 0.03 = 2000$ ⑧ $0.06 \div 0.15 \times 3.5 = \frac{7}{5}$ ⑨ $3.5 \div 15 \times 1.2 \div 0.07 = 4$ ⑩ $0.06 \div 0.45 \div 1.2 \times 7.2 = \frac{4}{5}$

【p206】
① 36円 ② 604円 ③ 2064円 ④ 320円（25% = $\frac{1}{4}$ なので、$1280 \times \frac{1}{4} = 320$） ⑤ 6300円（15% = $\frac{3}{20}$ なので、$42000 \times \frac{3}{20} = 6300$） ⑥ およそ2500円（$15000 \times \frac{1}{6} = 2500$） ⑦ およそ40000円（$240000 \times \frac{1}{6} = 40000$） ⑧ およそ400円（$3200 \times \frac{1}{8} = 400$） ⑨ およそ5500円（$44000 \times \frac{1}{8} = 5500$） ⑩ およそ9000円（$63000 \times \frac{1}{7} = 9000$）

【p210】÷ に注意！
① 110（300：330 = 100：110 だから110％） ② 80（3000：2400 = 100：80 だから80％） ③ 30（2000：1400 = 10：7 だから30％引き） ④ 12（7500：6600 = 25：22 = 100：88 だから 12％引き） ⑤ 20（400：480 = 100：120 だから20％値上げ） ⑥ 5（320：336 = 20：21 = 100：105 だから5％値上げ） ⑦ 114（7700：8800 = 7：8、$\frac{1}{7} \div 0.14$ だから、およそ114％） ⑧ 75（632：473 ÷ 640：480 = 4：3 = 100：75 だから、およそ75％） ⑨（2785：2382 ÷ 2800：2400 = 7：6 だから、およそ86％）

【p213】
① 100万（$1000 \times 1000 = 100,0000$ だから、約100万） ② 4000（2を10回かけると1024 だから、あと2回かけると約4000） ③ 800億（2を30回かけると100億だから、あと3回 かけると約800億） ④ 10兆（$4 = 2 \times 2$ だから、これを20回かけるということは2を40 回かけたのと同じ。100億 × 1000 = 10兆） ⑤ 100万（1MBは1KBの1000倍だから、 $1000 \times 1000 = 100$万バイト） ⑥ 10億（1GBは1MBの1000倍だから、100万 × $1000 = 10$億バイト） ⑦ 10億（KB → MB → TB → PB だから、$1000 \times 1000 \times 1000 = 10,0000,0000$ で、約10億キロバイト）

【p215】
① 100億 ÷ 10万 = 10万 ② 2500億 ÷ 500万 = 5万 ③ 4900億 ÷ 70万 = 70万 ④ 12兆 ÷ 3万 = 4億 ⑤ 200兆 ÷ 40万 = 5億 ⑥ 189兆 ÷ 7万 = 27億 ⑦ 100兆 ÷ 10億 = 10万 ⑧ 420兆 ÷ 7億 = 60万 ⑨ 4200兆 ÷ 700億 = 6万 ⑩ 1690兆 ÷ 13億 = 130万

【著者紹介】
後藤 卓也（ごとう たくや）

■1959年、名古屋生まれ。東京大学理科Ⅰ類入学、同教育学部教育学科卒。同大学院教育学研究科博士課程修了。1984年から株式会社啓明舎の講師として教壇に立つ（算数・理科担当）。1988年から3年間、統一前の西ベルリン（ベルリン自由大学）留学。帰国後、大学院博士課程に在籍。並行して再び啓明舎で講師として勤務。啓明舎の株式会社さなる（佐鳴予備校）への合併に伴い、現在、株式会社さなる 啓明舎事業部 塾長。

■主著に『子供の目線 大人の視点』（産経新聞ニュースサービス）、『秘伝の算数』（東京出版）、『大人もハマる算数』（すばる舎）、近著に『小学生が解けて大人が解けない算数』（dZERO）がある。一児の父でもある。

■本文デザイン・図版・DTP／ハッシィ
■本文イラスト／横井智美 ばけん（ときがいくん）
■カバー装幀／原田恵都子（ハラダ＋ハラダ）
■編集協力／株式会社さなる　岡村知弘（株式会社蒼陽社）

大人のための「超」計算

2015年 1月25日　　第1刷発行
2020年 4月 1日　　第4刷発行

著　者──── 後藤 卓也
発行者──── 德留 慶太郎
発行所──── 株式会社すばる舎
　　　　　　東京都豊島区東池袋3-9-7 東池袋織本ビル　〒170-0013
　　　　　　TEL　03-3981-8651（代表）　03-3981-0767（営業部）
　　　　　　振替　00140-7-116563
　　　　　　http://www.subarusya.jp/
印　刷──── 図書印刷株式会社

落丁・乱丁本はお取り替えいたします
©SANARU / Takuya Goto　2015　Printed in Japan
ISBN978-4-7991-0395-1